POINTS AVENTURE
un esprit de liberté

UNE COLLECTION DIRIGÉE PAR PATRICE FRANCESCHI

Il y a 2 500 ans, Pindare disait : « N'aspire pas à l'existence éternelle mais épuise le champ du possible. » Cette exhortation à un dépassement de la vie était aussi un appel à la liberté et aux liens qui l'unissent à l'esprit d'aventure.
Vingt-cinq siècles plus tard, l'énergie vitale de Pindare ne serait-elle pas un remède au désenchantement de nos sociétés de plus en plus formatées et encadrées ? Et l'esprit d'aventure l'un des derniers espaces de liberté où il serait encore possible de respirer à son aise, d'agir et de penser par soi-même ?
C'est sans doute ce que nous disent les livres qui, associant aventure et littérature, tentent de transformer l'expérience en conscience.

Patrice F.

NOURRIR LA BÊTE

DU MÊME AUTEUR

Offshore : un voyage en mer du Nord
Flammarion, 1987

Al Alvarez

NOURRIR LA BÊTE

Portrait d'un grimpeur

Traduit de l'anglais
par Anatole Pons-Reumaux

Éditions Métailié

TITRE ORIGINAL
Feeding the Rat

ISBN 978-2-7578-9429-3

Pour Mo et Jackie, encore

1. *Llanberis*

Llanberis est une petite ville froide et humide coincée entre les eaux inhospitalières du Llyn Padarn et les basses pentes herbeuses du Snowdon, la plus haute montagne du Pays de Galles. Tout à l'est de la ville, en face du majestueux Royal Victoria Hotel, la gare est le point de départ des petits trains qui conduisent cahin-caha les touristes au sommet du Snowdon, où les attendent un café lugubre et une vue fantastique. Le Snowdon et son train expliquent la demi-douzaine d'hôtels et le double de maisons d'hôtes que compte Llanberis, ainsi que sa boutique d'artisanat gallois – principalement de la laine et de la peau de mouton – et son élégant restaurant appelé Y Bistro, au chef ambitieux et au menu bilingue, anglais et gallois.

Mais il n'y a pas grand-chose d'autre pour attirer le touriste, surtout pas la météo, généralement affreuse. Sur la sinueuse rue principale, les maisons mitoyennes défraîchies à pignon surpassent en nombre les boutiques mitoyennes défraîchies à pignon, et les pubs sont glauques et désœuvrés. On compte deux *fish and chips*, un traiteur chinois et un café aux fenêtres perpétuellement embuées du nom de Pete's Eats, où l'on sert de bons sandwichs au bacon et des tasses d'un demi-litre de thé fort.

Les maisons de Llanberis ont un autre point commun que leur aspect maussade et larmoyant dû aux interminables mois de pluie : par arrêté municipal, elles arborent toutes de jolies tuiles d'ardoise. Aujourd'hui, l'essentiel de ces tuiles sont importées, mais pendant des années les vastes carrières d'ardoise qui découpent les collines de la rive opposée du Llyn Padarn ont fourni du travail aux gens du coin. Et puis les carrières ont fermé en 1969, le lac a été pourvu d'un barrage et une centrale hydroélectrique a été construite au bas des collines dont on extrayait l'ardoise. La nuit, le tunnel qui conduit aux générateurs est vivement éclairé et, lorsqu'on roule vers la ville, il baigne le lac d'une lueur menaçante, comme dans la scène d'ouverture d'un film catastrophe. Après la fermeture des carrières, Llanberis est devenu une zone sinistrée au taux de chômage exceptionnel, même pour le Pays de Galles. En été, le premier employeur est désormais le train du Snowdon ; le reste de l'année, la principale source de travail à Llanberis est une entreprise du nom de Snowdon Mouldings, qui compte actuellement vingt-trois salariés.

Snowdon Mouldings appartient à Mo Anthoine et à sa femme Jackie, et grandit régulièrement depuis 1968, date à laquelle Mo et Joe Brown, le plus grand de tous les grimpeurs britanniques, ont commencé à produire les casques de sécurité Joe Brown dans la cave de Joe, à Llanberis. L'entreprise s'est d'abord installée dans un cottage des environs, puis une filiale a ouvert dans une chapelle reconvertie des Highlands écossais, où Mo s'est diversifié en produisant des piolets. Elle est aujourd'hui revenue à Llanberis, dans une nouvelle chapelle reconvertie, bien plus grande cette fois, afin d'accueillir une gamme de produits qui inclut désormais des tentes et toutes sortes de vêtements d'extérieur.

À part Y Bistro et sa proximité avec Snowdon, Llanberis compte une autre attraction touristique : la boutique de Joe Brown. Elle n'est pas grande, mais, avec son carrelage en ardoise et ses raccords en pin massif, elle paraît démesurément chic pour son emplacement. Il en va de même de son contenu : des rangées de doudounes, des étagères remplies de sacs de couchage et de pulls très chers, une pièce tapissée de chaussures de montagne, des cordes multicolores enroulées au plafond, un mur décoré de mousquetons, de coinceurs, de pitons, de sangles et de sacs à magnésie, des rayons entiers de guides d'escalade et une sélection de littérature d'alpinisme. Une sorte de caverne d'Ali Baba pour alpinistes. Le week-end, surtout quand il fait moche, l'endroit est bondé de jeunes aspirants qui caressent avidement la marchandise et échangent des ragots sur le ton laconique et rugueux caractéristique du monde de l'escalade.

Si Llanberis n'est plus la principale source d'ardoise des îles Britanniques, elle demeure le centre de l'escalade britannique. Au fil des années, la population galloise autochtone a été peu à peu complétée par un afflux de jeunes Anglais – la majorité issus du Nord et tous exilés intérieurs volontaires, comme des dissidents russes – qui sont venus pour l'escalade et sont restés ensuite, gagnant leur vie en bricolant à droite et à gauche. Les grimpeurs formant un groupe de gens compétents, surmotivés et indépendants (sans quoi ils ne survivraient pas en montagne), ils sont souvent doués dans tous les chantiers qu'ils entreprennent. En conséquence, les travaux de plomberie, de menuiserie, de maçonnerie et de peinture sont sans doute meilleurs, et certainement meilleur marché, à Llanberis que n'importe où ailleurs en Grande-Bretagne. À un détail près : l'escalade passe avant l'argent. Alors, en cas de beau temps, les chantiers sont reportés.

Depuis 1966, Mo Anthoine habite le village de Nant Peris – une église, un pub, une épicerie et quelques maisons éparses –, à quelques kilomètres à l'est de Llanberis. Il a aujourd'hui quarante-huit ans et une tignasse hirsute qui grisonne sur les bords. Il est petit – un mètre soixante-dix –, avec un physique légèrement disproportionné : un buste imposant, des rondins en guise de bras, des jambes étonnamment grêles. Les muscles de ses épaules – les deltoïdes et les grands dorsaux – sont si développés qu'il semble sur le point de s'envoler quand il met les bras en croix. Avec ses quarante-trois centimètres de tour de cou, il ne porte jamais de cravate, convaincu qu'une chemise qui irait à son cou ne lui irait nulle part ailleurs. Sa tête est grande, carrée et intelligente, son menton court, et sa lèvre supérieure semble équipée de muscles supplémentaires qui lui permettent de s'agiter et de se retrousser à la façon d'un masque d'Halloween – apparemment de son propre chef. Il a des yeux bleus avec un éclat marron à l'œil gauche qui présente une ressemblance troublante avec une tache de sang. Il y a quelques années, il a eu de tels problèmes de dos qu'il a fini, avec force appréhension, par prendre rendez-vous à l'hôpital pour une opération de la colonne ; heureusement pour lui, ses disques se sont soudés quelques jours avant l'opération et la douleur a disparu. Mais depuis, il marche comme un marin, avec son pas chaloupé et son absence de mouvement en bas de la colonne. Il porte un jean, un T-shirt et des tennis par tous les temps et ne possède qu'un seul costume, qu'il partage avec son ami Joe Brown. Ce qui signifie qu'ils ne peuvent jamais aller au même enterrement ou au même mariage : un arrangement qui leur convient à tous les deux.

Mo a été baptisé Julian et a reçu son surnom à l'âge de quatre ans. Moe était un des Trois Stooges, la troupe comique américaine – « le méchant avec la coupe au bol » –, et c'est resté. Comme il dit : « Avec un nom comme Julian, on a envie que ça reste, non ? » Il est né à Kidderminster en 1939 et, en un sens, il enchaîne les expéditions depuis ses onze ans. Sa mère est morte quand il avait quatre ans et sa belle-mère était une marâtre à la Dickens. « À l'âge de dix ans, je faisais toute la poussière, l'aspirateur et le repassage, raconte-t-il. Je m'occupais du ramonage, du cirage des chaussures et de la pluche. Alors, dès qu'une occasion de quitter la maison se présentait, je sautais dessus. Je suis allé chez les scouts et ils m'ont emmené camper. Ça a été une révélation : je pouvais sortir de chez moi *et* prendre du bon temps. Pour quelques shillings, je me suis payé une tente de bivouac des surplus américains. Je m'en allais tous les week-ends : je remplissais un sac à dos, je partais seul le samedi matin et je ne revenais pas avant le dimanche soir. À cette époque, en dix minutes de marche, tu étais en dehors de Kidderminster, en pleine nature. Je campais au bord de la Severn, ce genre de choses. Et, va savoir pourquoi, Win, ma belle-mère, n'a jamais rien trouvé à y redire. Aujourd'hui, bien sûr, jamais on ne laisserait un gamin de onze ans vadrouiller tout seul, mais il y a trente-cinq ans ça n'avait pas l'air de poser problème. »

Comme beaucoup d'enfants opprimés à la maison, Mo était dissipé à l'école et il délaissa les bancs juste avant de passer les examens qui lui auraient permis d'entrer à l'université. Son père était un petit homme vif, un peintre amateur qui fumait comme un pompier et qui avait une passion pour la musique et les échecs. Il était fabricant de tapis de son état et Mo, après quelques mois au sein d'une entreprise de génie civil à Birmingham, le rejoignit comme apprenti-gérant dans l'industrie du tapis. Il avait dix-sept ans. Deux ans plus tard, il découvrait l'escalade.

« Dans le cadre de la formation, on t'envoyait suivre un programme d'activités en plein air, dit-il. C'est le truc le plus bête qu'ils aient fait avec moi. » Pour certaines personnes, l'escalade peut être une addiction qui altère la chimie de la psyché aussi sûrement que l'héroïne affecte celle du corps. Au bout d'un mois à l'école de plein air d'Aberdovey, Mo était accro. Il se mit à grimper tous les week-ends. Il partait au Pays de Galles en stop le vendredi soir et revenait le dimanche soir. Peu à peu, les week-ends s'allongèrent, commençant le jeudi soir pour finir le lundi soir. Ses employeurs ne bronchaient pas, peut-être même qu'ils ne remarquaient rien. Malgré cela, lorsque Mo se rendit pour la première fois dans les Alpes aux vacances d'été, ce fut la fin de sa carrière dans les tapis.

Il avait aussi décidé qu'il en avait assez de Win et qu'il était temps de quitter le nid. Il laissa un message sur la table de la cuisine pour dire qu'il ne reviendrait pas et, quand les amis avec qui il était parti dans les Alpes revinrent en Angleterre, il partit en stop, avec 12 livres sterling en poche, vers la Nouvelle-Zélande, « pour voir à quoi ressemblait l'escalade sur glace ». À partir d'un atlas de la bibliothèque de Kidderminster, il avait établi une liste des villes de la côte ouest africaine « pour savoir où aller en stop », explique-t-il. « Je me disais que si je parvenais à rejoindre Le Cap, je pourrais trouver du travail, vu qu'on y parlait anglais, et de là je pourrais traverser jusqu'à l'Australie et la Nouvelle-Zélande. »

Finalement, il n'alla pas plus loin que Casablanca, où il se fit voler tout ce qu'il avait, sauf son passeport. L'acariâtre consul britannique ayant refusé de l'aider, il regagna l'Angleterre, criant famine, en tendant le pouce.

Il passa le reste de l'été à grimper au nord du Pays de Galles, avant de s'engager chez les Royal

Marines. (« Ils m'ont fait passer un test de QI qu'un singe aurait réussi, et ils m'ont dit de demander un poste d'officier. ») Mais quand il reçut l'ordre de se présenter à l'instruction, il s'amusait trop dans les montagnes. Il appela la garnison depuis un téléphone public de Nant Peris pour prévenir qu'il ne venait plus.

– Vous avez signé les papiers, lui répondit-on. Ils vous engagent juridiquement.

– Sans blague.

– Où êtes-vous ?

– Ça, vous aimeriez bien le savoir, dit-il avant de raccrocher.

Il devint moniteur à Ogwen Cottage, une école d'escalade située en bas du Tryfan, une montagne proche du Snowdon. La paie était de dix shillings par semaine, plus la nourriture et de l'escalade à volonté, et il l'accepta à titre strictement temporaire. « Je me disais que dès que j'en viendrais à voir le monitorat comme un simple job, je mettrais les voiles, dit-il. Je ne voulais pas perdre mon goût pour l'escalade – je ne voulais pas gâcher ça. »

De fait, deux ans plus tard, en 1961, il décida qu'il s'ennuyait et repartit en stop vers la Nouvelle-Zélande, cette fois avec trente-cinq livres en poche et une corde d'escalade dans son sac à dos. Il était accompagné de son ami Ian Cartledge, alias Fox, « le renard », en raison de ses cheveux roux, et l'aller-retour leur prit deux ans. Ils parcoururent en stop l'Europe, la Turquie et l'Iran, puis le Baloutchistan, le Pakistan et l'Inde, avant de remonter au Népal, de descendre en Birmanie, en Malaisie et en Thaïlande, puis d'embarquer pour l'Australie et de gagner enfin l'île du Sud en Nouvelle-Zélande pour de l'escalade sur glace. Ils vivaient de trois fois rien (en Inde, ils s'en sortaient avec un shilling par jour), refusaient par principe de payer le moindre transport à l'exception des bateaux et prenaient du travail là où ils en trouvaient : un Iranien les paya pour faire rentrer des turquoises en douce au Pakistan ; ils passèrent quatre mois à creuser des tranchées pour un nouveau chemin de fer au nord de Queensland ; ils travaillèrent dans une mine d'amiante bleue à Wittenoom Gorge, dans l'Ouest de l'Australie. (De cette expérience potentiellement mortelle, Mo dit aujourd'hui avec philosophie : « Dieu merci, il y a une longue période d'incubation. À peu près vingt-six ans. Donc j'ai encore une ou deux années devant moi ! ») Pour rentrer chez eux, ils rejoignirent l'équipage d'un yacht traversant l'océan Indien, changèrent de bateau à Aden, gagnèrent Djibouti en face, remontèrent l'Afrique de l'Est en stop jusqu'à l'Égypte et rallièrent la Grèce via Chypre. La dernière étape du périple, depuis Athènes jusqu'à Ripley, dans le Derbyshire, ne leur prit que trois jours et demi – ce qui n'était pas plus mal car le printemps était inhabituellement froid et que la garde-robe de Mo se réduisait alors à une chemise, un short et une paire de mocassins en peau de léopard qu'il avait fait faire à Khartoum pour dix shillings.

2. *Les Dolomites*

De retour en Angleterre, Mo décida de suivre une formation de professeur, activité qui lui laisserait tout le loisir d'aller grimper. Il commença par une période d'essai où il enseigna le sport et les maths, pour voir si le travail lui plaisait, avant de s'engager pour trois ans, à compter de l'automne 1964, au Coventry College of Education. C'est au mois d'août de cette année-là que je fis sa connaissance, au milieu des Dolomites, dans un petit chalet délabré juste en bas des faces sud des Tre Cime di Lavaredo. Nous étions arrivés chacun de notre côté avec des partenaires qui avaient tous deux décidé, après une courte sortie, qu'ils préféraient faire bronzette devant le chalet et laisser l'escalade aux autres. Mo avait dix ans de moins que moi et il était bien meilleur grimpeur : je sautai sur l'occasion de me laisser guider sur des voies difficiles. Quant à Mo, peu lui importaient les itinéraires qu'il suivait, tant qu'il grimpait.

L'escalade est un des sports les plus purs, les moins encombrants, et requiert un minimum d'équipement : une paire de chaussures adaptées, une corde, un casque de sécurité et un jeu de sangles en nylon et d'éléments métalliques – mousquetons, pitons, étriers et coinceurs – pour se protéger en cas de chute. L'ensemble est relativement peu coûteux, tient des années et s'accroche facilement autour du cou et de la taille. Dès lors, l'escalade diffère de nombreux sports en ce que, si quelque chose va de travers, c'est généralement de votre faute, pas celle de votre matériel. Cela dit, à en croire Mo, l'escalade n'est pas du tout un sport : « C'est un passe-temps. C'est une affaire de plaisir. Tandis qu'un sport, par définition, est une affaire de compétition. En escalade, la seule compétition est avec soi-même » – c'est-à-dire avec ses muscles réticents, ses nerfs et, en cas de pépin, sa force d'âme. C'est même, en un sens, une activité intellectuelle, à ceci près : vous devez penser avec votre corps. Chaque longueur est une série de problèmes bien précis liés au site : quelles prises utiliser, avec quelles combinaisons, afin de monter sans danger en dépensant le moins d'énergie possible. Chaque mouvement doit résulter d'une sorte de stratégie physique, en termes d'effort, d'équilibre et de conséquences. Comme une partie d'échecs avec son corps.

C'est un passe-temps solitaire, mais qui, pour des raisons de sécurité, se pratique généralement avec quelqu'un d'autre. (Certains des meilleurs aiment grimper « en solo », mais c'est une activité à haut risque à laquelle je n'ai jamais aspiré, même aux heures les plus déjantées de ma jeunesse.) Donc la personne avec laquelle vous grimpez compte presque autant que l'endroit où vous grimpez, surtout que le « qui » influence le « comment ». Certains grimpeurs sont animés d'un tel désir de grimper une voie qu'ils ne pensent plus à rien ni à personne ; grimper avec eux revient à être plaqué sur le toit d'un monorail à grande vitesse : vous atteignez votre destination, mais ce n'est pas très amusant et vous ne voyez pas grand-chose du paysage. D'autres ont si peu confiance en leurs capacités que leur seul plaisir semble être de voir leur partenaire ramer sur un mouvement qu'eux ont trouvé facile. D'autres sont carrément casse-cou et repoussent en permanence leurs limites naturelles, ou alors ils oublient de prendre des précautions évidentes. Les grimpeurs qui survivent et qui continuent l'escalade se débarrassent généralement de ces défauts avec l'âge, mais, avant cela, la vie de cordée avec eux peut être ingrate, brutale et courte.

À vingt ans, Mo avait une réputation d'enfant terrible (« Ma mère est morte d'une cirrhose du foie sans avoir jamais bu une goutte, alors je fais de mon mieux pour rétablir l'équilibre ! »), mais il n'y avait rien de débridé dans sa manière de grimper. Notre première voie ensemble fut le Spigolo Giallo, « l'arête jaune », un des plus beaux parcours des Dolomites, le pilier de l'antécime de la Cima Piccola di Lavaredo : trois cents mètres de paroi parfaitement verticale sur l'essentiel du parcours. Mo grimpait en tête et s'arrêtait de temps à autre pour m'interpeller : « Ce passage est d'enfer ! », ou bien : « Tu vas adorer ! », ce qui signifiait invariablement qu'il venait de réaliser un mouvement difficile. Cependant, sa progression était si régulière que les difficultés, lorsqu'elles se présentaient à moi, ajoutaient au plaisir, et je prenais alors conscience que je grimpais mieux qu'à l'ordinaire. La dernière longueur fut facile et spectaculaire : de grosses prises sur une paroi verticale, sans rien d'autre sous mes pieds que le vide, les hirondelles virevoltantes et les éboulis tout en bas. Lorsque je me hissai au sommet, Mo était calé contre un rocher, profitant du soleil d'après-midi, torse nu, une cigarette aux lèvres. « Le bonheur est un VS pour le paradis », me lança-t-il. (En ces temps-là, VS, pour *Very Severe*, était de fait l'avant-dernier niveau de difficulté dans la classification britannique, qui allait de *Moderate* à *Hard Very Severe* en passant par *Difficult*, *Very Difficult* et *Severe*, seuls quelques parcours étant classés comme *Extreme*. Depuis lors, la barre a été relevée et la catégorie *Extreme* est aujourd'hui divisée en autant de cotations chiffrées que toutes les autres catégories réunies.) Un « VS pour le paradis » est une excellente façon de décrire le sentiment de liberté et de légèreté, à la fois physique et mentale, qui vous prend lorsque tout se passe comme prévu sur un rocher difficile mais pas trop, lorsque la tension redescend, que les mouvements sont fluides, que le moindre risque semble être maîtrisé et que votre silence intérieur est à l'unisson de celui des montagnes.

Deux jours plus tard, direction l'autre côté de la Cima Grande pour passer aux choses sérieuses : la fameuse voie Comici, sur la face nord. Elle est près de deux fois plus longue que le Spigolo Giallo, plus difficile techniquement et considérablement plus abrupte. Les deux cents premiers mètres sont en dévers (un caillou jeté du haut de ce passage atterrirait sur les éboulis en bas à dix mètres de la base) et la partie supérieure ressemble à un immense livre ouvert en pierre : une fissure verticale de trois cents mètres formant un dièdre. La veille au soir, Mo avait « rétabli l'équilibre » – avec mon aide –, de sorte que nous avions fait la grasse matinée, commencé tard, été retardés par deux cordées plus lentes devant nous, puis pris dans une tempête de neige à deux cents mètres au-dessus des dévers, à un point de non-retour. Nous passâmes la nuit sur une petite vire, longue de quelques dizaines de centimètres et large de cinquante, à cent soixante mètres du sommet.

Comme nous étions au mois d'août en Italie et que la précédente voie s'était passée sans accroc, nous grimpions léger, c'est-à-dire que nous n'avions ni vivres ni vêtements de rechange. Une cascade de neige fondue dégringolait le long de la dernière fissure et, malgré le surplomb qui protégeait notre vire, nous étions trempés jusqu'à l'os au moment de nous arrêter. Une fois nos chemises retirées, essorées et renfilées, nous nous préparâmes pour une longue nuit tandis que les nuages gris acier se retiraient, que les étoiles faisaient leur apparition et que l'air devenait glacial. Il était important de ne pas dormir, car le sommeil réduit la température du corps, alors nous passâmes le temps à discuter, à chanter des chansons, à inventer des poèmes grivois. Même ainsi, nous nous assoupissions sans cesse, avant de nous réveiller désorientés et de nous remettre à fredonner, nos voix devenant de plus en plus frêles et incohérentes dans l'obscurité dévorante. Autour de trois heures du matin, nous nous réveillâmes une fois de plus, avec l'impression que quelque chose avait changé. La lune était basse, la vallée en contrebas était une flaque d'encre, les pics au loin se détachaient en noir bleuté sur le ciel étoilé. Mais il n'y avait pas que la qualité de l'obscurité à être altérée ; le silence, lui aussi, s'était intensifié, à en devenir impénétrable. Nous nous blottîmes l'un contre l'autre, essayant de comprendre ce qui se passait.

Puis Mo déclara : « La cascade a gelé. »

À ce moment-là, je conclus que la chance avait tourné et que nous aussi allions bientôt finir congelés. Je n'en dis rien sur le moment, bien sûr, mais lorsque je m'en ouvris à Mo des mois plus tard, il fut abasourdi : « Il faisait un peu frisquet, d'accord, mais il ne m'est jamais venu à l'idée qu'on était vraiment en danger. » Son attitude était la suivante : « Tout va bien pour l'instant, donc autant faire notre possible pour que ça continue. » Nous nous donnions mutuellement de petites tapes pour faire revenir la circulation, soufflions sur nos mains et fumions à la chaîne, pour calmer la faim et pour nous réconforter. (C'est incroyable à quel point le tabac vous réchauffe quand vous êtes transi de froid.) Même ainsi, l'aube mit une éternité à arriver : d'abord une vague ombre pâle aux allures de nuage bordant la paroi rocheuse qui nous isolait, puis un glissement d'une lenteur infinie du noir au gris. Les cent soixante derniers mètres jusqu'au sommet nous parurent démesurément difficiles. Il y avait des plaques de verglas à certains endroits où il y aurait dû avoir des prises et nous souffrions tous les deux de gelures – Mo aux pieds, moi aux doigts.

Tout ça paraît dramatique : une nuit dans des montagnes dénuées de toute végétation, une cascade prise dans la glace, des gelures. En fait, ça ne l'était pas du tout, car Mo semblait partir du principe que ce qui nous arrivait était parfaitement normal. Il se montrait enjoué et désinvolte et multipliait les traits d'esprit. Ainsi encouragé, je tuai une demi-heure en récitant une version complète, avec quelques variations, de la fameuse ballade paillarde d'Eskimo Nell et, lorsque je hasardai une remarque sur l'étroitesse de la vire où nous étions assurés – chacun une fesse dessus, l'autre dans le vide –, Mo me répondit simplement : « Ma foi, on ne peut pas tout avoir. » C'était la nuit la plus froide de ma vie, et l'une des plus inconfortables, mais en aucun cas la plus sinistre.

L'escalade est un puissant exemple de ce qu'on appelle le « gros jeu ». L'expression est de Jeremy Bentham qui, en tant que père de l'utilitarisme, désapprouvait vivement ce concept. Dans le gros jeu, les mises sont si élevées qu'aux yeux de Bentham, il est irrationnel de parier, puisque l'utilité marginale de vos gains potentiels est largement inférieure à la gravité de vos pertes potentielles. Dans notre cas, le gain était la douteuse satisfaction d'avoir escaladé une voie difficile dans des conditions difficiles ; les pertes potentielles, c'était nos orteils, nos doigts, voire nos vies.

Pourtant, c'était peut-être gros, mais ça restait du jeu, et c'est surtout ainsi que je m'en souviens. Je me souviens des traits d'esprit laconiques et des poèmes grivois, de l'exiguïté comique de la vire bardée de matériel, des pics au loin dans le clair de lune, du goût merveilleux du tabac à pipe et des petits halos de chaleur et de lumière que nous formions chaque fois que nous craquions une allumette. Mais mon souvenir le plus net de tous est un incident survenu le deuxième matin, et il n'a rien à voir avec le froid mortel. À cette époque, les coinceurs ne s'achetaient pas en magasin ; il fallait les dénicher (les écrous de voiture à la casse constituaient la meilleure source), percer soi-même un œillet et les attacher à ses propres sangles. Mo en avait laissé un sur la dernière longueur, enfoncé si profond dans une fissure que tous mes efforts avec mes doigts gonflés et mangés de gelures ne suffirent pas à le faire bouger.

– Je n'arrive pas à le sortir, criai-je, avant de reprendre ma progression dans la fissure.

– Oh, fit Mo, d'une petite voix si attristée que je levai les yeux. Il regardait dans ma direction et, pour la première fois depuis que nous étions sur cette montagne, l'expression de son visage était peinée. C'est mon coinceur préféré, dit-il.

Eh bien, pensai-je, moi c'est ma vie préférée. Je lui devais bien ça. Je redescendis donc et passai vingt minutes à m'affairer avec un marteau jusqu'à déloger le coinceur. Mo avait mené la cordée tout le long : c'était le moins que je puisse faire.

Une fois parvenus au sommet, nous nous allongeâmes un moment au soleil et regardâmes l'eau s'évaporer de nos vêtements détrempés. Je me sentais épuisé au-delà de l'épuisement et légèrement grisé – surpris, je crois, d'être en vie. Alors que nous nous mettions en route pour redescendre par la face sud de la montagne, plus facile, Mo dit :

– Bien. On a fait la moitié du chemin.

– Pardon ?

– C'est là qu'arrivent les accidents. Quand tu es arrivé au sommet et que tu commences à te détendre.

Il était étrange de voir à quel point nos rôles s'étaient inversés. J'étais l'adulte de trente-cinq ans et lui était censé être l'enfant terrible. Mais, clairement, son côté turbulent n'avait pas cours dans les montagnes.

3. *Les épopées*

Peut-être Mo a-t-il acquis sa conscience du danger et son autosuffisance quand il partait camper seul enfant et qu'il a compris que personne ne prendrait soin de lui s'il ne le faisait pas lui-même. Quelle qu'en soit la source, ce n'est pas quelque chose qu'il a appris à la dure, en se faisant mal. En vingt-neuf ans de voies difficiles, il n'est pas tombé une seule fois – un genre de record en soi dans une activité qui n'est dépassée que par la Formule 1 pour le renouvellement de ses têtes d'affiche.

Sa capacité à calculer les risques et à agir en conséquence semble avoir existé dès le début de sa carrière en montagne. Quatre ans avant notre épisode dans les Dolomites, par exemple, ils décidèrent avec un ami de faire une voie dans la face de la Brenva au mont Blanc. Comme toutes les grandes voies alpines, celle-ci exigeait un départ du refuge bien avant l'aube pour franchir les premiers passages faciles dans le noir. Mais comme c'était la première saison de Mo dans les Alpes et qu'il n'avait pas un sou, son partenaire et lui n'avaient que le matériel le plus rudimentaire. Au lieu de lampes frontales, ils essayèrent de s'éclairer avec une vieille lanterne aux panneaux en mica qui s'éteignit juste au moment où ils quittaient le refuge. « On a eu très peur et on a fait demi-tour direct, raconte-t-il. Je ne regrette toujours pas d'avoir eu le bon sens de faire marche arrière, même si j'étais déçu sur le moment. »

La sécurité, cela dit, n'est pas ce que recherche le grand public. En 1970, Mo se lança dans sa première grande expédition, à El Toro, dans les Andes péruviennes. Les grimpeurs parvinrent à une longueur de corde du sommet et il ne leur restait qu'une pente enneigée à faible dénivelé. Mais la neige était complètement instable. « C'était comme du sucre glace, une grosse couche non consolidée, dit Mo. Si tu avais sauté dedans, tu en aurais eu jusqu'aux yeux et tu n'aurais encore rien tassé sous tes pieds. Elle aurait pu s'écrouler n'importe où à n'importe quel moment et il n'y avait aucun moyen de s'assurer. Alors on est repartis. » L'expédition avait été financée par un groupe de presse provincial qui était « très contrarié ». « Ils voulaient soit le sommet, soit un mort. Pour eux, tout ce qui était entre les deux était un échec. J'ai eu une discussion avec eux après notre retour et, quand ils m'ont laissé entendre ça, je me suis mis en pétard. J'ai dit : "Si vous n'êtes pas capables de faire confiance au jugement des gens à qui vous donnez de l'argent, ce n'était pas la peine de les soutenir." »

Cette attitude des sponsors et des médias sur l'air de « la mort ou la gloire » est diamétralement opposée à la vision de Mo, pour qui l'escalade est un passe-temps anarchique et amusant. « Il n'y a rien de plus agréable que d'entendre des grimpeurs que tu respectes te dire : "C'était du beau boulot", confie-t-il. Mais qu'est-ce qu'il y a de plaisant à entendre le grand public décréter : "C'est un grand alpiniste" ? Ça ne veut rien dire, parce qu'ils ne savent pas ce qu'est un grand alpiniste. » Si vous demandez à Mo de définir un « bon alpiniste », il cite feu Don Whillans, un grimpeur de tous les records qui a aidé Joe Brown à transformer les standards de l'escalade britannique et qui est mort dans son lit en 1985 : « Un bon grimpeur est un grimpeur vivant. »

Mo lui-même affirme que son ambition est de mourir à l'âge de quatre-vingt-six ans, abattu par un mari outragé, et qu'on jette ses cendres dans les toilettes sifflantes du Club alpin de South Audley Street. « J'ai une conscience aiguë de la chute, sans doute parce que j'ai commencé à grimper dans les années 1950, où les protections étaient rudimentaires, dit-il. Même avec du matériel moderne, je n'arrive pas à me mettre dans l'état d'esprit où je peux me permettre de tomber. Ce qui veut dire que je ne grimpe jamais à mon maximum. Si je me retrouve dans une position où je sens que je risque de tomber, je fais marche arrière, j'enfonce un piton ou je m'accroche à une sangle. Je ne crois pas qu'il faille forcément prendre un vol de cinquante mètres dans le vide pour prouver que le geste que j'essaie de faire est trop difficile pour moi. Personne ne se dit jamais qu'il va mourir sur une paroi ; même les dingues imaginent qu'ils ont calculé le risque et qu'ils vont s'en tirer à bon compte. Mais quand tu commences à repousser les limites et que ta marge de sécurité s'amincit, des tas de choses peuvent aller de travers. J'aime bien me laisser une bonne grosse marge. Pour moi, ma marge de sécurité est ma force. Après, je ne vais pas m'entraîner comme les jeunes jusqu'au-boutistes d'aujourd'hui, qui ne boivent pas, ne fument pas et passent plusieurs heures par jour sur des murs d'escalade. Je suis trop vieux pour ça et, de toute façon, la moitié de ma vie de grimpeur a toujours été au pub. Mais j'ai de la chance : j'ai une force naturelle. Joe Brown, lui, a cette façon de grimper tout en douceur, de garder son énergie. Quand je fais une voie avec lui, il me dit toujours de me détendre. Et je réponds : "C'est la dernière chose que j'ai envie de faire !" Lui, il pense que si quelqu'un venait s'accrocher à mes jambes pendant que je grimpe, je ne bougerais pas d'un pouce. Mais la force qui me maintient plaqué là-haut, c'est ma marge de sécurité, et j'aime bien me dire que j'en ai encore en réserve. Bien sûr, j'ai eu mes moments épiques en montagne, mais je n'ai jamais décidé délibérément de prendre un risque. Au contraire, j'ai connu de vraies épopées en ne prenant pas de risques. Tu peux connaître ce genre de moments sans avoir à foncer bille en tête, et chaque fois que j'ai dépassé les bornes, je me suis trouvé idiot, parce que je considère que c'est une forme d'égoïsme. Il n'y a rien de plus simple que de casser sa pipe en montagne ; plus tu montes haut, plus c'est facile. Mais je ne crois pas qu'une seule montagne n'en vaille ne serait-ce qu'un tout petit peu la peine.

Aucune montagne n'est aussi importante pour moi. Importante, bien sûr. Mais pas à ce point-là. »

Dans le jargon des grimpeurs, une épopée est un quasi-désastre qui finit bien et qui donne une bonne histoire à raconter. C'est aussi un concept qui varie d'un grimpeur à l'autre. Cette nuit sur la Cima Grande montait très haut dans mon échelle de l'épique et quasiment pas sur celle de Mo. Après les Dolomites, il a enchaîné avec Chamonix, et quelques jours plus tard il était de retour aux affaires – sur le Grand Capucin, avec un partenaire en mauvaise condition physique qui n'arrêtait pas de tourner de l'œil sur les relais. L'année suivante, 1965, il a réalisé sans encombre deux courses qui figuraient à l'époque parmi les plus dures d'Europe – la Philipp-Flamm sur la Civetta et le pilier Bonatti sur le mont Blanc –, puis il s'est retrouvé coincé dans une tempête de neige sur la face sud du Géant, où il a secouru deux Allemands perdus, paniqués et ingrats (« Quand on les a ramenés au refuge Torino, ils n'ont même pas dit merci »). En 1966, dans la Brenva, lui et son partenaire ont pris le temps d'aider des grimpeurs moins expérimentés et ont été pris dans trois jours de tempête, pendant lesquels un des grimpeurs est mort de froid et Mo a eu de telles gelures aux pieds qu'il a dû passer plusieurs semaines dans un caisson hyperbare. « À l'époque, je partais du principe que la moindre course dans les Alpes était épique, dit-il. Comme ça l'était pour moi à chaque fois, je supposais que c'était pareil pour tout le monde. Et puis j'ai commencé à entendre des gens dire : “Telle ou telle voie est assez sympa.” Et ils n'avaient pas les phalanges déchiquetées ou les yeux au bout d'une tige comme des patères d'église, alors j'ai commencé à comprendre que quelque chose clochait dans ma façon de faire. »

Une partie de ce qui clochait était liée précisément à ce qu'il faisait bien. À un point qui paraît complètement fou à l'observateur extérieur, Mo, comme tout alpiniste qui se respecte, est prêt à accepter n'importe quelle épreuve. Mauvais rocher, mauvais temps, mauvaise nourriture, bivouacs glaciaux sur des vires rocailleuses au pied de faces menaçantes ou suspendu à des pitons à mi-hauteur desdites faces – tout ça va de soi et c'est même considéré par certains comme un supplément d'adrénaline. (Ma préférence personnelle pour un rocher chaud, un plat chaud et un lit chaud – couplée à mon absence totale de talent – m'a assuré de ne jamais jouer les premiers rôles dans l'alpinisme.) Mo avait également une appréhension réaliste du degré d'inconfort que peut supporter le corps humain. Lorsque je m'imaginais que nous allions mourir de froid, lui estimait, à juste titre, que nous en serions quittes pour une nuit fraîche et inconfortable. Mais nous avons eu de la chance à deux égards : la voie était relativement courte et le ciel s'est dégagé. L'année suivante et celle d'après – sur le Géant et la Brenva –, Mo a eu moins de chance. À ce point-là, il est devenu évident qu'une marge qui était large pour lui était mince pour d'autres.

Une façon d'éviter ce désagrément aurait été de grimper exclusivement avec des gens boxant dans la même catégorie que lui en termes de force et de compétence technique. Mais Mo est un homme sociable qui a des amis de tous horizons, et cela irait à l'encontre du principe qui a toujours régulé sa vie de grimpeur : « Chaque fois que j'organise une expédition, je veux y aller avec mes potes. Lorsque les jeunes cracks de la grimpe choisissent leur équipe, ils regardent invariablement le palmarès et l'expertise technique au lieu de s'intéresser aux gens eux-mêmes. Du coup, s'ils arrivent au sommet, ils feront la une de *Mountain*, et puis voilà – terminé. Mais si tu es parti en expédition avec des super gars, tu t'en souviens pendant des années. Même en Grande-Bretagne, je ne grimpe pas avec des gens que je ne connais pas, parce que je n'en tire aucun plaisir. C'est juste de l'escalade. Bien sûr, en vieillissant, tu te berces d'illusions en te disant que ce n'est pas la difficulté de la voie qui compte, mais les gens, les sensations. Tu trouves n'importe quelle excuse pour ne pas avouer que le top, c'est de faire les voies les plus difficiles avec des gens que tu apprécies. Donc, en un sens, ça va au-delà du plaisir. Je peux monter au col de Llanberis et faire une voie que j'ai faite cinquante fois avec quelqu'un que j'apprécie, et prendre beaucoup de plaisir. Ensuite je reviens chez moi et j'oublie complètement – c'était juste une sortie sympa. Mais si je sors faire un parcours qui me pousse dans mes retranchements avec un bon copain, je savoure en rentrant. Je me souviens des mouvements, de ce qu'a dit l'autre gars – de tous les petits détails –, pendant des années. C'est le degré d'engagement que tu mets avec quelqu'un qui définit ce que tu en tires ensuite. Pour moi, c'est toute l'idée de l'escalade. »

Une des précautions élémentaires de Mo contre les épopées inutiles était de s'assurer que lui et ses partenaires étaient toujours correctement équipés, et il est devenu obsédé par le bon matériel bien avant de commencer à en produire lui-même. Je redoute désormais ce moment où il fouille dédaigneusement dans mon sac à dos et me couvre de honte en jetant des sangles et des mousquetons – et même, un jour, une corde – auxquels je m'étais déraisonnablement attaché au fil des années. Sa lèvre autopropulsée remonte dans un coin et rebique de l'autre, ses yeux se plissent, son ton se fait saccadé : « Je ne monterais même pas à l'étage avec ces machins-là. »

Après quinze ans d'usage, il est devenu expert en matériel d'expédition, mais sa première tentative – à El Toro – fut un triomphe de surorganisation et d'excès : trois tonnes de matériel et de nourriture pour seulement six personnes – « assez pour nourrir la brigade des gardes pendant six mois ». Cette première expédition comportait d'autres excès, propres à Mo. Sa hernie discale n'étant pas encore guérie, il carbura à la codéine 1000 pour apaiser son mal de dos ; il passa également tout ce temps en montagne engoncé dans un corset à baleines. Sur le chemin du retour à travers les contreforts, il acheta un vieux crâne à un Indien – qui semblait être sur le moment une relique appropriée de ce périple. Lors de l'escale à l'aéroport de Miami, une robuste douanière sortit le crâne de son sac à dos, puis, avec un dégoût infini, le corset sale. Elle disposa soigneusement ces deux articles repoussants sur la table devant elle et lança à un collègue : « Hé, Chuck, je crois qu'on est tombés sur un pervers ! »

4. *Tynn-y-Ffynnon*

C'était en 1970 et, à l'époque, la réputation d'enfant terrible de Mo – ou même de pervers – avait énormément changé. Il avait derrière lui huit saisons alpines sur des voies de plus en plus impressionnantes, il avait achevé les trois années de formation plus une de stage qui lui permettaient d'enseigner, et il travaillait en partenariat avec Joe Brown depuis deux ans. La proposition de Brown de s'associer pour produire des casques de sécurité datait de 1968, à peu près au moment où Mo se voyait offrir ce qui avait tout du poste idéal : moniteur principal dans une base de loisirs en plein air au centre du Pays de Galles. Mais quand il a fallu choisir entre un emploi stable – avec des congés payés et la retraite au bout du long tunnel – et l'aventure dans le privé avec un copain, il n'y a pas eu photo : « Je me suis dit : c'est plus risqué, mais ça a l'air plus marrant. »

À ce moment-là, Mo en était déjà à son deuxième mariage. Le premier, célébré en février 1964, avait duré dix mois. Le deuxième, avec Jackie, rencontrée quand ils étaient tous deux étudiants au Coventry College of Education, est toujours aussi solide après vingt ans. L'image populaire de l'épouse d'alpiniste est sans doute assez similaire à celle de la femme du Far West : burinée, charpentée, plantureuse et patiente. Jackie Anthoine est petite, mince et gracieuse. Elle a un visage doux, de grands yeux, d'abondantes boucles brunes et, en société, elle affecte une attitude frivole et légèrement blasée qui évoque davantage *Blondie** que *L'Homme des vallées perdues*. En d'autres termes, elle a l'air d'une jeune femme qui serait plus à l'aise sur une plage méditerranéenne que dans un refuge de montagne, sauf qu'elle n'a pas une once de gras et qu'elle a les biceps et les jambes d'acier d'une gymnaste olympique. Avec les gymnastes, elle partage bien d'autres talents. Aujourd'hui jeune quadragénaire et mère de deux enfants en bas âge, elle a participé juste avant la naissance de l'aînée à une émission de la BBC où elle suivait Joe Brown sur une course exceptionnellement difficile dans les Highlands écossais. Peu avant cela, je l'ai vue démontrer à mes deux enfants comment descendre en pont. « C'est tout bête, disait-elle. On écarte les jambes et on se penche doucement en arrière. » Et hop : sa colonne s'est courbée, ses jambes se sont tendues, elle a posé les mains à plat derrière sa tête, puis elle est restée dans cette position, les cheveux tombant au sol, tandis que son visage virait peu à peu au rouge betterave. Ma fille, alors âgée de sept ans, ballerine assidue et souple comme du caoutchouc, a relevé le

* Série de films tournés entre les années 1930 et 1950, inspirés de la bande dessinée éponyme. (*NdT*)

défi avec peine. Son frère de dix ans – pas non plus un tire-au-flanc – a fini étendu sur le dos, le souffle coupé et un bleu sur les fesses.

Quand Jackie et Mo se sont rencontrés, elle n'avait jamais grimpé et il n'était pas sûr de vouloir qu'elle s'y mette : « J'ai vu trop de femmes qui gravitent dans le milieu de l'escalade et qui détestent ça, qui s'ennuient et qui jouent les intéressées. Je ne voulais pas en ajouter une à la liste. » Il a fait de son mieux pour décourager Jackie en l'emmenant, pour sa première voie, sur « Munich » – une VS exposée et relativement difficile sur le mont Tryfan. À son grand désarroi, elle est montée haut la main et en redemandait. Il a laissé passer une semaine, puis il l'a emmenée à Clogwyn du'r Arddu, la falaise la plus hostile du Pays de Galles, où tous les itinéraires sont cotés au-dessus de VS et deux ou trois fois plus longs que la plupart des voies galloises. « On a fait Longland, Chimney et Curving Crack. C'est la seule fois où j'ai fait trois voies à Clog en une journée. On a fini Curving [ainsi nommée parce que ce parcours exigeant suit une longue fissure incurvée et en fort dévers sur l'East Buttress] et elle était bien rincée. Et moi aussi. Alors je me suis dit que ça allait la calmer. Penses-tu. Elle a trouvé ça super. Depuis, on a beaucoup grimpé ensemble. Elle est très douée en altitude et incroyablement résiliente. Elle porte toujours plus que moi en montagne. »

Ils sont devenus célèbres dans les Alpes, non seulement parce qu'elle le suivait sur des voies difficiles avec plus d'aisance et de style que nombre de grimpeurs hommes, mais aussi parce qu'elle portait invariablement le sac le plus lourd dans les randonnées jusqu'aux refuges d'altitude – l'aspect le plus pénible de l'escalade dans les Alpes. En ces temps pré-féministes, c'était vu comme excentrique de sa part à elle et inconvenant de sa part à lui. Les femmes s'indignaient au nom de Jackie, tandis que les maris affichaient un certain vague à l'âme où l'admiration secrète le disputait à l'incrédulité pure et dure devant la faculté de Mo à s'en tirer à si bon compte. À tous, la réponse standard de Mo était : « Si elle peut le soulever, elle peut le porter. » La vérité était simplement qu'aucun des deux n'avait envie de materner l'autre ni d'être materné. Et puis, ils se faisaient rire.

Ils en avaient bien besoin pour composer avec l'épopée de longue haleine de leur vie maritale : leur maison. Elle a pour nom Tynn-y-Ffynnon – « la maison devant le puits » en gallois – et, quand ils s'y sont installés en 1966, l'ancien puits sacré était le seul élément de la maison en état de fonctionnement. La maison elle-même était une ruine : quatre murs de blocs de rhyolite grossiers, dont certains écroulés ; pas de toit, pas de porte, pas de fenêtre. Le sol en terre battue était recouvert de cinquante centimètres de crottes de mouton et un arbre de plus de deux mètres poussait au milieu de ce qui est aujourd'hui le salon. Derrière la bâtisse principale, il y avait une étable à peine moins délabrée où ils s'installaient lors de leurs week-ends d'étudiants, cuisinant sur un réchaud de camping et tirant leur eau du puits. Le loyer annuel pour ce palace était de vingt-cinq livres sterling ; en 1968, ils ont emprunté six cents livres au père de Jackie et acheté la propriété. Étant plus ou moins fauchés, ils ont fait les travaux eux-mêmes, à leur rythme, arrivant en voiture le vendredi soir avec les sacs de ciment qu'ils pouvaient se payer cette semaine-là et suivant à la lettre les instructions du manuel de bricolage du Reader's Digest. Il leur a fallu entre six et huit mois pour installer un toit et un plancher, une cuisine temporaire et une salle de bains.

Aujourd'hui, Mo évoque ces premières années chaotiques comme s'il s'éveillait avec bonheur d'un cauchemar : « On était enfoncés jusqu'aux genoux dans la crasse en permanence, on n'avait jamais l'impression de finir quoi que ce soit. Mais c'est ça, la jeunesse. Maintenant que j'ai vieilli, je n'oserais même pas l'envisager. Mais à l'époque, ça me paraissait tout à fait normal. »

Fondamentalement, l'escalade est une activité de paresseux : des salves concentrées d'efforts sur la paroi alternent avec de longues pauses sur les relais où l'on peut s'allonger, se détendre, fumer, admirer la vue ou pester contre la pluie. Résultat, les grimpeurs sont doués pour regarder d'autres gens travailler et le combat des Anthoine pour rendre Tynn-y-Ffynnon habitable est devenu une attraction incontournable du côté de Llanberis Pass. Jackie était la vedette du spectacle quand elle envoyait des pelletées de sable dans la bétonnière ou s'escrimait avec des brouettes pleines des pierres que Mo excavait laborieusement de la maison. Sa silhouette enjouée, svelte et gracieuse manipulant des charges gigantesques était une source permanente d'ébahissement pour quiconque s'arrêtait boire un thé. (Elle prenait toujours le temps d'allumer le réchaud, de lancer la bouilloire et de préparer l'infusion.) Mo l'appelait avec tendresse « la seule bétonneuse qui carbure avec une poignée de muesli par jour ».

Dans une région montagneuse comme Snowdonia, les rochers sont un élément naturel du paysage et, à mesure que la maison émergeait des ruines, ils sont devenus le cauchemar de Mo. L'apogée de ses tribulations est arrivé alors qu'il était en train de terminer la pièce qui allait devenir leur chambre. Le toit était installé, le plancher posé, les nouveaux cadres de fenêtres étaient en place lorsque Jackie a décidé que la porte n'était pas au bon endroit. Mo a tenté de protester, il a compris qu'il n'allait pas gagner et il a cédé de guerre lasse. Voici la scène telle qu'il la décrit : « J'ai trouvé un bout de craie, j'ai dessiné les contours de la porte sur le mur où elle la voulait et j'ai attaqué au burin. J'ai commencé par le haut, j'ai retiré les blocs, j'ai installé une planche pour soutenir le poids et j'ai continué vers le bas. Arrivé à vingt centimètres du sol, j'ai trouvé une petite bosse qui dépassait. J'ai commencé à creuser au burin et j'ai découvert que c'était le plus gros rocher de tout le cottage : deux mètres de long, un mètre de large, un mètre de profondeur. Il pesait deux tonnes et il était en plein milieu de la chambre ! Il était trop gros pour passer par les portes et je venais de poser les fenêtres, alors que faire ? Comme il y avait deux autres petits rochers dans la pièce, j'ai décidé que la meilleure solution était de les sortir au treuil. Alors j'ai cassé les jolies fenêtres neuves, j'ai posé deux poutres en pin massif dessus, j'ai enfoncé deux chevilles à expansion dans le rocher, j'y ai fixé des sangles et je les ai accrochées à un câble. Ensuite, j'ai emprunté un treuil à main, je l'ai accroché à un arbre dans le champ et j'y ai attaché le câble. Joe Brown m'a aidé à hisser tout doucement les rochers sur les deux planches inclinées. J'avais un petit camion garé juste devant, la benne alignée avec le rebord de la fenêtre, pour que les rochers remontent et tombent direct dedans. Quand on a eu le gros, il était tellement lourd que chaque fois que j'appuyais sur le frein du camion, les roues arrière se soulevaient du sol ! Je suis allé le jeter là où ils construisaient le barrage sur le Llyn Padarn. C'était un dimanche, un soir d'été, il devait être six heures, et les gens du coin étaient tout juste en train de sortir de la messe. Parmi eux, il y avait un type qui travaillait pour moi à l'atelier de casques. Quand je suis passé devant eux, torse nu, couvert de sueur et de crasse, avec le diésel qui faisait “bb… bb… bb… bb…”, j'ai fait : “Salut Will.” Il ne m'a même pas regardé. Il a juste serré sa bible et baissé les yeux en faisant comme si je n'existais pas. Ils rigolent pas avec le dimanche, au Pays de Galles ! Quand je suis rentré au cottage, Joe était assis dans le champ, pâle comme la mort. Il avait commencé à treuiller un autre rocher tout seul et, pour gagner du temps, il n'avait mis qu'une seule cheville. Pendant qu'il treuillait, il a entendu un *bang* sourd et quelque chose a sifflé devant sa tête. C'était le bout du câble avec un gros crochet au bout. La cheville avait lâché et le câble avait giclé tout droit par la fenêtre, frôlé son visage et terminé au milieu du champ. À quelques centimètres près, il lui aurait arraché la tête ! Dans le rocher d'après, il a mis trois chevilles ! C'est toujours avec les trucs bêtes qu'on se fait mal, hein ? »

L'autre épopée de longue haleine, plus modeste, est celle de leur salle de bains, qui a déjà été posée, enlevée et reposée à trois reprises. La première fois, Mo avait le *Manuel complet du bricolage* du Reader's Digest ouvert à la page 292, « Installer et nettoyer des baignoires », et s'apprêtait à se mettre au travail lorsque Joe Brown est arrivé avec Nat Allen, un autre grimpeur de renom. Joe et Nat ayant tous deux commencé leur vie professionnelle comme plombiers, ils ont pris la relève. « Joe a dit : "Il faut que ce soit à niveau. Tire ça ici. Fais ci. Fais ça." J'avais deux plombiers expérimentés qui m'expliquaient comment poser une baignoire et, au bout du compte, l'eau coulait à l'envers ! » À cause de cette petite erreur de calcul, une bulle d'air s'est formée dans le tuyau d'évacuation et le seul moyen de vider la baignoire était de mettre sa tête sous l'eau pour souffler dans la bonde. Un jour, alors que Mo prenait un bain la porte ouverte, quelqu'un est rentré et l'a trouvé les fesses en l'air et la tête plongée dans la bonde sous quinze centimètres d'eau savonneuse, telle la femme hystérique de Tolstoï essayant de se noyer dans les eaux peu profondes de l'étang de Iasnaïa Poliana. Aujourd'hui, la salle de bains fonctionne parfaitement.

La maison actuelle est une des plus imposantes du quartier. En 1985, avec une famille qui grandissait en même temps que son goût pour une vie confortable – hors des montagnes –, Mo a donné un dernier coup de collier pour ajouter un deuxième étage offrant des chambres en plus – une petite et deux très grandes –, un espace pour entreposer le matériel d'escalade et une deuxième salle de bains (à niveau). Les nouvelles chambres sont hautes, lumineuses et spacieuses sous un toit à deux pans qui ressemble à une racine carrée inversée – l'avant court et abrupt, une longue pente derrière. Le toit est en ardoise grise, les murs de pierre sont peints en blanc, et l'effet général est celui d'un majestueux chalet suisse sans les boiseries décorées de cœurs et de fleurs et reproduit en solide pierre galloise. L'étable à l'arrière, où les Anthoine campaient au départ, a également été agrandie pour devenir une maison avec deux chambres pour les invités, qu'ils appellent dédaigneusement « le mini-refuge ». « Ce que j'aime bien dans le fait de construire ma propre maison, dit Mo, c'est que je peux la regarder et savoir qu'elle sera encore là dans cent ans. »

5. *La route du Roraima*

La tentative d'ascension d'El Toro de 1970 avait donné à Mo le goût des expéditions, qui combinent les heurs et malheurs de l'alpinisme ordinaire avec l'aventure au sens plus large – un bon moment entre copains avec l'attraction des lieux reculés et des cultures différentes. En 1972, il se joignit à ce qui avait été pompeusement qualifié d'expédition anglo-américaine (« La partie américaine, c'était un gars de dix-neuf ans, Larry Derby, et un Anglais, Ian Wade, qui vivait aux États-Unis ») et repartit en Amérique du Sud pour ouvrir une nouvelle voie, très difficile, sur le mont Fitz Roy en Patagonie, région célèbre pour sa météo épouvantable et ses vents à cent soixante kilomètres-heure réputés pour produire une version montagnarde de la corde de fakir : ils font dresser à la verticale des longueurs de quarante mètres de corde à simple en Perlon onze millimètres.

L'année suivante, il était de retour en Amérique du Sud, cette fois avec une équipe de vedettes – comprenant Joe Brown, Don Whillans et Hamish MacInnes – financée par l'*Observer* pour une expédition que ce journal d'ordinaire mesuré avait choisi d'appeler « Escalade au monde perdu ». Ce nom accrocheur venait d'un roman de Conan Doyle où d'intrépides explorateurs édouardiens découvrent une poche de préhistoire paléozoïque peuplée de monstres ayant survécu au sommet du mont Roraima, un plateau rocheux de 2 743 mètres d'altitude avec une proue qui émerge de la jungle à la verticale à 1 700 mètres au point de rencontre entre le Guyana, le Venezuela et le Brésil.

Pendant ce temps, en Angleterre, même moi qui n'ai jamais souffert de la fièvre des expéditions, j'étais envieux ; le projet me faisait moins l'effet d'une expédition d'alpinisme que d'une version tropicale de la série *En route pour* avec Hope et Crosby, où ils auraient toutes les chances de tomber sur Dorothy Lamour en chemin. En réalité, ce fut pour chacun d'entre eux un des périples les plus difficiles de leur vie. Le premier indice de ce qui les attendait arriva la veille de leur départ, alors que les Anthoine séjournaient chez moi à Londres. Ma femme avait servi le gigot d'agneau, je le découpais, mon fils nous versait à boire, lorsque Hamish MacInnes téléphona depuis l'Écosse. Il venait juste d'apprendre que la jungle au pied du Roraima était infestée de chauves-souris vampires et qu'elles étaient enragées. On pouvait se faire vacciner contre leur morsure, mais cela impliquait une succession de piqûres douloureuses dans le ventre. Pour seul commentaire, Mo déclara : « Dieu merci, il est trop tard pour ça. » Il partit le lendemain matin comme prévu.

Finalement, les vampires ne furent pas un problème, pas plus que les araignées grosses comme des assiettes. Le problème, c'était la montagne elle-même. Du côté guyanais, elle s'élançait dans la jungle environnante tel un vaste navire mais, à cause des incessantes pluies tropicales qui créaient des cascades sur les faces verticales, le seul moyen de la gravir sans se noyer était d'escalader la proue, qui affichait un fort dévers. La paroi était en grès quartzite, si compact que de longues sections étaient lisses, sans la moindre fissure, sans le moindre défaut – des prises, par exemple –, et ne pouvait être escaladée qu'en posant des points d'ancrage, une méthode laborieuse et primitive consistant à percer un trou dans la roche au perforateur et à y visser une cheville à expansion. Insérer douze chevilles par jour et creuser de toutes ses forces en pendouillant avec des étriers sur une paroi en dévers est un passe-temps aussi alléchant que de nettoyer les écuries d'Augias. Et sur le Roraima, le rocher était en dévers du sommet à la base, parfois jusqu'à dix mètres sur un seul passage de quarante mètres. Il y avait de minuscules vires sur la paroi mais, comme c'étaient les tropiques, elles étaient affublées de grandes moustaches de végétation. Ce qui signifiait que sur les deux derniers mètres de chaque longueur, le premier de cordée devait se tailler un chemin au marteau à pitonner à travers la terre et les plantes tombantes, tandis que « des bestioles bizarres », dixit Mo, lui tombaient sur le cou et la poitrine. Les « bestioles » étaient des sortes d'insectes démesurés, avec des airs de bulldozers, et si exotiques que nombre d'entre eux n'avaient jamais été classifiés par les entomologistes.

Malgré la pluie incessante qui se déversait des surplombs, la seule eau potable sur la voie était la rosée recueillie dans des plantes carnivores sur deux vires infestées d'insectes mais relativement spacieuses : une, baptisée « la terrasse aux tarentules », près de la base, l'autre deux cent cinquante mètres au-dessus. Ainsi, à la fin de la journée, les grimpeurs devaient descendre en rappel par-dessus les énormes surplombs telles des araignées le long de leur fil. Puis ils laissaient les cordes en place et se hissaient aux jumars le lendemain matin jusqu'au point où ils s'étaient arrêtés. (Un jumar est un anneau avec un nœud de cordelette en nylon attaché à la corde pour s'y hisser ; il glisse facilement vers le haut et se bloque quand on applique une pression vers le bas.) Monter aux jumars est toujours un processus fastidieux et épuisant, mais quand il faut le répéter jour après jour sur des cordes qui ont commencé à s'effilocher sur l'arrête tranchante du rocher, ça peut, comme le dit Mo en restant poli, « légèrement te taper sur le système ». De fait, ça leur a tapé sur le système pendant trois semaines tandis qu'ils montaient et descendaient la paroi, trempés, sales et à bout de nerfs, sur des cordes de plus en plus effilochées, jusqu'à atteindre le sommet. Lors d'une des nuits noires de leurs âmes collectives, quand ils étaient tous à court de raisons d'être là, Mo eut cette pensée réconfortante : « Bon, c'est toujours mieux que de détartrer un chauffe-eau à Sheffield. »

Pour Mo, une autre consolation était d'avoir appris de leurs guides indiens comment survivre dans la jungle. Mais même ça ne correspondait pas tout à fait à ce qu'il s'était imaginé. Un jour, il demanda à un des Indiens comment allumer un feu lorsqu'on est perdu dans la forêt tropicale. Voici la suite : « Il m'a montré un arbre particulier dont ils se servent. Il a coupé une branche à la machette, il a aiguisé la pointe, il l'a plantée dans le sol, puis il a commencé à la découper délicatement vers le bas en tranches très fines, jusqu'à ce qu'elle ait l'air d'un blaireau de rasage. Quand tu allumes le dessous, il y a tellement de surface et si peu de bois que ça prend feu rapidement. Il m'a dit : "Tu fais tout ça, tu mets des bâtons tout autour, puis – pause théâtrale – tu balances du pétrole dessus !" »

6. *Nourrir la bête*

Mo a une expression imagée et précise pour décrire ce qui le pousse – comme la plupart des grimpeurs – à courtiser l'inconfort ; il appelle ça « nourrir la bête ». À son retour du Roraima, sa bête était bien nourrie, mais lui-même paraissait plus maigre et décharné que jamais. Malgré cela, il en était déjà à ruminer une nouvelle expédition après quelques mois, mais cette fois Jackie se plaignit énergiquement de ne pas être invitée. Alors ils décidèrent de concocter un voyage privé avec trois amis – Bill Barker, Malcolm Howells et Ian Campbell – dans le Langtang, un massif situé à l'ouest de l'Everest et à une vingtaine de kilomètres du Xixabangma, la seule montagne de Chine à dépasser les 8 000 mètres. Pour économiser de l'argent, ils rallièrent Katmandou par la route depuis le Pays de Galles, en passant par l'Afghanistan, et ils achetèrent un permis de randonnée au lieu d'un permis pour une expédition complète. Ce qui ne les empêcha pas, selon les termes de Mo, « de se faire une petite colonne rocheuse et un petit sommet – 6 400, je crois qu'il faisait. C'était pas de la tarte, on a beaucoup marché, mais c'était sympa ». Barker, Howells et Campbell gravirent le sommet les premiers, puis Mo et Jackie grimpèrent ensemble, appréhendant quelque peu l'altitude, même si Mo était déjà monté à 6 000 mètres à El Toro. Finalement, « Jackie est montée comme une locomotive à vapeur » et Mo a découvert qu'il n'avait aucun problème.

C'était en 1974. Chaque été à partir de cette date, jusqu'en 1983, il est retourné dans les plus hautes chaînes de montagnes, l'Himalaya et Karakorum. La plupart de ces expéditions étaient des virées modestes, financées en grande partie par les grimpeurs eux-mêmes, parfois avec un petit coup de pouce de la Mount Everest Foundation ou du British Mountaineering Council, mais sans couverture médiatique et souvent sans même de mention dans les revues spécialisées – *Mountain*, *High* et *Climber* – quand elles n'aboutissaient pas au sommet. C'était moins des expéditions au sens où l'entend le grand public que des versions améliorées de la sortie entre copains telle que l'idéalise Mo.

La seule exception eut lieu en 1977, quand Mo fut invité à se joindre à une tentative d'ascension de l'Ogre, un sommet de 7 300 mètres qui est le point culminant de la région du glacier de Biafo dans le Karakorum. La voie était longue, techniquement exigeante – avec du granite et de la glace bien raides qui auraient déjà été difficiles dans les Alpes, à une altitude de moitié inférieure –, et elle avait eu raison de deux cordées britanniques et deux japonaises les six années précédentes. En d'autres termes, c'était le moyen idéal de nourrir la bête.

Même si Mo connaissait et appréciait les cinq autres membres de la cordée, un seul – Clive Rowlands – était un ami proche, et deux d'entre eux – Chris Bonington et Doug Scott – étaient des alpinistes professionnels à plein temps. Bonington est sans doute le seul grimpeur britannique dont le nom est connu du parfait profane : il a écrit de nombreux livres et organisé plusieurs expéditions très médiatisées dans des montagnes célèbres, comme l'Everest ou l'Annapurna ; il apparaît régulièrement à la télévision et on a pu voir son portrait dans des publicités promouvant toutes sortes de produits sans aucun lien avec l'alpinisme. Scott, un barbu gigantesque à la force phénoménale, est moins connu et ne fait pas du tout partie de l'establishment – politiquement, il se revendique anarchiste –, mais il a accompli plusieurs premières spectaculaires et il finance ses escalades en donnant des conférences. Tout grimpeur, professionnel ou pas, veut parvenir en haut de la voie où il se trouve, quelle que soit sa taille ; c'est l'essence du jeu. Pour le professionnel, cependant, le sommet a une intensité particulière et personnelle que les non-professionnels ne peuvent jamais vraiment générer : ce n'est rien moins que son matériau de travail. Sur l'Ogre, ils ont eu du matériau à profusion, même si le sommet n'y jouait qu'un rôle mineur.

Au moment d'arriver à la dernière ligne droite, la cordée originale de six est réduite à quatre : Paul (Tut) Braithwaite a été blessé par une chute de pierres ; Nick Estcourt est épuisé par une première tentative avortée au sommet avec Bonington. Il reste Scott, Bonington, Clive Rowlands et Mo sur la montagne, les deux autres au camp de base, sur le glacier, tout en bas.

L'Ogre a deux sommets, l'ouest et le principal – soixante mètres plus haut –, reliés par une longue crête déchiquetée. Le 12 juillet, Mo et Clive Rowlands conduisent la cordée au sommet ouest, puis les quatre grimpeurs passent la nuit dans une grotte qu'ils ont creusée dans la glace sur la face sud-est, juste en dessous de la crête. Le lendemain matin, Scott et Bonington effectuent une traversée sous la crête et commencent à escalader le rocher abrupt et difficile de la tour du sommet principal. Mo devant filmer la montée pour la BBC, le plan est que lui et Rowlands attendent à la grotte pendant une heure, en prenant des photos et en se tenant chaud, puis qu'ils rejoignent les autres au sommet. Mais lorsqu'ils atteignent la base de la tour finale, ils découvrent que Bonington, en proie à la fièvre des sommets, a omis de laisser l'équipement en place. Bien que sans matériel supplémentaire avec eux, ils arrivent à escalader en libre deux longueurs difficiles, jusqu'à se trouver à portée de voix des autres. Scott a atteint une dalle en haut d'une paroi abrupte et traverse en pendule vers une fissure conduisant à un rocher plus facile. (Le pendule est un moyen de se déplacer latéralement sur un rocher sans prise. Le grimpeur attache la corde au plus haut point qu'il puisse atteindre, puis il se baisse et se balance d'avant en arrière, en courant littéralement sur la paroi, jusqu'à avoir assez d'élan pour atteindre une nouvelle série de prises. C'est une technique parfois nécessaire sur les rochers difficiles à escalader dans des endroits comme Yosemite – le Nose d'El Capitan comporte un pendule particulièrement spectaculaire – mais qu'on utilise rarement en haute altitude.) Bonington crie à ceux d'en dessous que c'est la dernière longueur sérieuse et qu'une fois arrivés en haut ils leur lanceront une corde. Mais il ne reste que deux heures de jour et Mo et Rowlands décident à contrecœur de se retirer dans la grotte et de remettre au lendemain leur tentative au sommet.

Scott et Bonington atteignent le sommet, prennent les photos d'usage, puis ils entament leur descente. Au moment où ils atteignent le haut de la longueur en pendule, le jour est presque tombé. Scott descend en rappel, en se poussant régulièrement contre la paroi de manière à atteindre le piton duquel il a pendulé lors de l'ascension.

Plus tard, dans un article pour *Mountain*, il décrira la suite : « Je me penche pour m'attacher à un piton, en prenant appui sur mon pied. Je remonte mon pied droit contre la paroi, mais, dans le noir tombant, je le pose par inadvertance sur une plaque de glace fondue. Soudain, mon pied ripe et je me retrouve à pendouiller dans le noir, agrippé au bout de la corde. Je ne comprends pas pourquoi le balancement ne s'arrête pas. Je n'ai pas réalisé à quel point je me suis déporté à gauche de la sangle de rappel. Pendant tout ce temps où je me balance, une petite exclamation de stupeur, de surprise et de peur jaillit du plus profond de moi, que Mo entend dans la grotte à six cents mètres de là. Et puis le balancement et le cri s'arrêtent lorsque je me fracasse de l'autre côté de la goulotte. »

L'impact lui brise les deux chevilles. Bonington descend jusqu'à lui en rappel. Mais la nuit est déjà tombée. Ils descendent encore en rappel jusqu'à une vaste étendue de neige où ils vont bivouaquer tant bien que mal – Scott dos au rocher pour les rappels et sur les genoux quand il faut marcher.

Mo et Clive Rowlands ont observé l'accident depuis la grotte, épouvantés, sachant qu'ils ne pouvaient rien faire dans le noir. À l'aube, Mo laisse Clive Rowlands préparer du thé dans la grotte tandis qu'il traverse pour aider les autres. Scott, à genoux, l'accueille joyeusement en lançant : « Je retourne fissa au trou à neige, petit. » Puis il demande, apparemment très sérieusement : « Vous allez monter au sommet avec Clive ? »

La partie publiable de la réponse de Mo est alors : « Je crois qu'on a un peu de pain sur la planche, là. »

Le principal problème est qu'ils sont à environ 2 700 mètres de dénivelé au-dessus du camp de base et que l'essentiel de la voie est en diagonale. Scott a relativement peu de mal à descendre en rappel et, grâce à sa force phénoménale, il parvient à se hisser quand il faut monter. Mais une traversée à genoux – même en descente – est difficile et terriblement douloureuse. Il y a aussi un problème secondaire : sachant qu'ils allaient bientôt redescendre la montagne, ils ont presque épuisé leurs provisions la veille de leur tentative au sommet.

De retour à la grotte, ils décident qu'avec le peu de matériel qu'il leur reste, le moyen le plus sûr de quitter la montagne est de regravir le sommet ouest ; de là, l'essentiel du parcours est en descente, bien qu'impliquant une bonne dose de traversée. Jusque-là, le temps a été parfait – au moins ça. Mais au moment où ils arrêtent leur plan, des nuages approchent – « comme toujours dans ce genre de situation », dixit Mo –, et en fin d'après-midi il se met à neiger furieusement. Ils mangent le reste de leurs provisions et passent une nuit précaire en essayant de bloquer l'entrée de la grotte pour empêcher la neige de s'y engouffrer.

Une tempête de neige souffle tout le jour suivant. À dix heures du matin, Rowlands s'encorde et sort forcer un passage jusqu'au sommet ouest. Il lui faut une heure et demie pour parcourir quinze mètres ; lorsqu'il rentre à la grotte, il a les vêtements constellés de glace et les mains paralysées. Une heure plus tard, Mo sort voir ce qu'il peut faire. Alors que Rowlands s'est enfoncé jusqu'à la taille dans la poudreuse, il n'a laissé aucune trace. Mo ne fait pas dix mètres dans le blizzard et abandonne. Lui aussi a perdu toute sensation dans ses mains ; il fait si froid que ses paupières sont collées aux yeux. Ils passent le reste de la journée dans la grotte à écouter la tempête et à s'efforcer de dégager l'entrée.

La tempête fait encore rage le lendemain matin, malgré une légère accalmie du vent. Mais, quelles que soient les conditions, il faut avancer : les vivres sont à sec, ils n'ont plus qu'une cartouche de gaz pour faire fondre de la neige et préparer du thé, et ils savent qu'à cette altitude et dans ces conditions ils seront bientôt trop faibles pour bouger. Rowlands ouvre la voie en repoussant lentement la profonde couche de poudreuse en pente raide ; puis vient Scott, à genoux, qui se hisse à la corde aux jumars ; Mo, tel un chien de berger, est posté derrière lui, tandis que Bonington demeure dans la grotte jusqu'au dernier moment, au cas où ils devraient battre en retraite. Sur la section finale, la plus raide du sommet ouest, la poudreuse est si haute que Scott, malgré sa force, réalise qu'il ne fait que s'y enfoncer de plus en plus. Mo passe alors devant lui pour aider Rowlands à tirer, Bonington se met derrière pour pousser et, à eux tous, ils hissent Scott au sommet.

Plus tard, lorsque je demandai à Mo s'il avait pensé qu'ils risquaient de ne pas survivre, étant donné la tempête et les blessures de Scott, il me répondit : « Ça ne m'a tout bonnement jamais traversé l'esprit qu'on pouvait mourir. Bien sûr, je savais qu'en restant là-haut à ne rien faire, là oui on allait finir par y passer, parce que personne n'allait venir nous aider. Mais je pensais que, tant qu'on continuait à bouger, on survivrait. On était quatre costauds et, heureusement, le plus costaud était le blessé. Peut-être que ça aurait été différent si celui qui s'était cassé les chevilles n'avait pas eu la force physique de Doug. Mais Doug lui-même était très relax par rapport à tout ça et, même s'il avait mal, il ne s'est pas plaint une seule fois. Quand on en a parlé ensuite, il m'a dit que dans sa tête il était hors de question qu'il meure – hors de question. Il savait qu'il était entre de bonnes mains et il estimait être suffisamment fort. »

Dans le récit qu'il en fera ensuite, Scott écrit : « Il n'y avait qu'un seul moyen pour moi d'affronter un problème aussi vaste et complexe que celui-là : prendre chaque journée après l'autre, en gardant dans un coin de ma tête l'idée qu'il fallait rentrer au camp de base, mais sans penser plus loin que l'objectif du jour, convaincu que si chaque journée d'escalade était exécutée avec compétence, l'ensemble du problème finirait par se résoudre. »

Il est midi quand ils se retrouvent tous en haut du sommet ouest, et la tempête hurle encore. Mais ils ont désormais de la visibilité à cinquante mètres, et au moins il n'y aura plus de passage vertical en montée. Mo et Rowlands n'étant pas blessés et n'ayant pas eu à bivouaquer à 7 200 mètres sans nourriture ni équipement, ils sont clairement en meilleure forme physique que les deux autres. Mo passe donc premier de cordée, trouve le chemin, fixe les relais et les rappels, tandis que Rowlands reste avec Scott pour l'aider sur les passages délicats, et Bonington ferme la marche. Ce jour-là, leur objectif est une deuxième grotte, à environ trois cents mètres sous le sommet ouest. Le rappel n'est pas trop compliqué, mais Mo s'inquiète d'une longue traversée difficile sur une paroi abrupte de glace juste avant la grotte : comme elle est horizontale, il est impossible pour lui de traverser sans mener, et dans ces conditions épouvantables, cela implique la possibilité de tomber. « Heureusement, ça m'a rongé sur toute la descente, dit-il. J'étais tellement fébrile quand j'y suis arrivé que j'y suis juste allé d'un coup. C'est incroyable ce que font la peur et l'adrénaline ! »

La nuit dans la deuxième grotte est aussi précaire que les précédentes. Ils passent le plus clair de leur temps à se masser mutuellement les pieds et à les prendre sur leurs genoux dans l'espoir de rétablir la circulation. Le lendemain matin, la tempête n'a toujours pas faibli. En dessous d'eux, un pilier rocheux de trois cents mètres – la section la plus dure à l'aller – et encore en dessous, le camp 3 : deux petites tentes dans lesquelles ils espèrent trouver de la nourriture. Alors ils se mettent en route, en dépit du blizzard et des températures négatives, pour une journée entière de rappels sans possibilité de s'abriter avant les tentes. À mi-chemin, Bonington, fermant la marche, dégringole au bout d'une corde de rappel, se fracasse sur un rocher et se casse deux côtes, dont une qui touche ses poumons. « Avec le froid qui s'intensifiait, il n'avait pas d'autre choix que de poursuivre la descente, écrit Scott. Par chance, il n'éprouve pas tout de suite la douleur au thorax qui va le tracasser par la suite. C'est un petit groupe bien mal en point qui arrive aux tentes. Mo est le premier et il doit les remonter, car les deux ont été aplaties sous un mètre de neige. »

Il n'y a rien à manger au camp 3, mais il y a des sachets de thé, du fioul, et, surtout, une livre de sucre. Alors quand ils se réveillent le cinquième matin après l'accident et réalisent que soixante centimètres de neige sont encore tombés pendant la nuit et que la tempête est plus déchaînée que jamais, ils décident d'attendre une journée de plus en espérant que des boissons chaudes et sucrées leur redonneront un peu d'énergie.

Bonington est mal en point, il tousse en permanence et crache des glaires d'une couleur inquiétante. Son état empire à mesure que le jour avance, et il est de plus en plus convaincu que ses douleurs à la gorge et aux côtes sont les symptômes d'un œdème pulmonaire – les risques du métier quand on pratique l'alpinisme en haute altitude. S'il s'agit bien de ça, il y a toutes les chances qu'il y reste, à moins de pouvoir descendre rapidement de la montagne. Les autres écoutent sa toux et ses sifflements d'un air grave, puis ils essaient de lui remonter le moral en disant qu'ils n'entendent pas les gargouillis caractéristiques de l'œdème. Bonington n'est pas rassuré.

En situation d'urgence, Mo a tendance à être dur avec lui-même, en laissant à ses copains toute latitude pour exprimer leurs travers. Il a l'œil vif et averti mais ne retient pas les faiblesses des autres contre eux. Tout ceci s'inscrit dans sa philosophie de l'expédition, selon laquelle « une sortie avec des bons potes » surpasse largement la réussite d'un sommet. Plus tard, il me raconterait les déboires de Bonington avec compassion : « Chris savait qu'il s'était fait quelque chose mais il ne savait pas quoi. Il savait juste que ça se détériorait très vite. Il savait aussi que si tu as une infection à la poitrine quand tu es en haute montagne, tout peut arriver, parce que l'altitude aggrave les infections et accélère leur progression, donc tu tombes malade en un rien de temps. Doug, lui, il connaissait son problème : il s'était cassé les deux chevilles. Mais Chris était complètement dans le flou. Et ça n'aide pas, mentalement, quand tu t'inquiètes de ce qui se passe à l'intérieur de toi et que tu n'en as aucune idée. Je me sentais vraiment mal pour lui à cause de ça. Mais quand tu es dans une situation de survie, tu deviens un peu insensible. Le type est allongé à côté de toi dans son sac de couchage et tu l'entends faire "Aarrghh… Aarrghh". C'est affreux, bien sûr. Mais tu n'es pas une infirmière de soins intensifs. Tu ne dis pas : "Ça va aller." Tu dis : "Reprends-toi un peu – il faut que tu te ressaisisses." »

Bonington, parmi ses talents considérables d'alpiniste, a de prodigieuses réserves de force mentale. La question était de savoir comment y puiser avec son état qui se dégradait rapidement. Mo, lui, va de l'avant en se moquant de lui-même et son humour si particulier est assez similaire à celui des Tchèques tel que le décrit l'écrivain Václav Havel : « Ici, nous avons tendance à être […] extrêmement conscients que celui qui se prend au sérieux devient vite ridicule, tandis que celui qui réussit à rire de lui-même ne peut pas vraiment être ridicule. » Au Roraima, Mo avait remonté le moral des troupes en dédramatisant avec une blague. L'équivalent du chauffe-eau à Sheffield chez Bonington était différent mais tout aussi efficace. Il est diplômé de Sandhurst, et sa voix est généralement forte et autoritaire. Mais à la fin de l'après-midi du cinquième jour de tempête, vingt-quatre heures de toux l'avaient réduite à un murmure de papier de verre. Il roule alors dans son sac de couchage et croasse à Mo :

– On va se faire une fortune avec ça.

– Quoi, *ça* ?

– Le livre ! fait Bonington.

C'est là que Mo finit par comprendre qu'il n'est pas et qu'il n'a jamais été un alpiniste professionnel.

Le lendemain, le vent souffle encore, mais la neige a cessé de tomber. Peu à peu, les nuages s'éloignent et le soleil fait une percée. Six jours se sont écoulés depuis l'accident et ils n'ont pas encore accompli la moitié de la descente. Ils descendent en rappel sur le col ouest grâce à des cordes fixes qu'ils ont laissées derrière eux à l'aller, puis ils effectuent une traversée jusqu'au camp 2 dans l'espoir de trouver à manger. Mo et Scott y parviennent les premiers, mais ne peuvent extraire de la neige qu'un paquet de pastilles pour la gorge, une barre de nougat « Tom et Jerry » et un sac-poubelle contenant des restes de riz mélangés à des cendres de cigarette. Ils engloutissent les grains de riz avec un sentiment coupable, puis ils partagent le reste en en laissant la moitié aux autres.

En dessous d'eux, il y a 2 400 mètres de poudreuse, en pente douce jusqu'en haut de la dernière section abrupte avant le camp de base avancé. À mi-chemin, Mo s'arrête pour faire une pause, Scott le rattrape et annonce qu'il veut passer devant. Mo porte un plus gros sac que Scott, ainsi qu'un tas de sangles et de mousquetons. « Comme il rampait devant moi, je me suis dit : puisqu'il rampe, il peut porter un peu plus, raconte Mo. De toute façon, il ne s'en apercevra pas. Alors je lui ai rajouté les sangles. Malheureusement, Clive Rowlands était juste derrière moi et il a immortalisé le moment avec son appareil. »

Ils installent les tentes au-dessus des cordes fixes sur le dernier passage raide. Ils sont toujours à 600 mètres au-dessus du camp de base avancé et à 1 500 mètres de dénivelé et huit kilomètres du camp de base. Tous sont en mauvais état, mais, comme le dit Mo, « Quand tu réalises que tu n'es qu'à un jour, deux maximum, des gens et de la nourriture, tu ne t'inquiètes plus trop. C'est quand tu es en haut sans rien à manger que tu es un peu à cran ».

À cause des hommes blessés, il est important de progresser rapidement. Alors ils s'accordent pour alléger leurs sacs en se délestant de tout ce qui n'est pas absolument nécessaire : casques, outils, cordes de rechange et, une fois passé la nuit, les tentes. Mais quand Bonington décide d'abandonner un appareil photo hors de prix, Mo lui dit « Je le prends », et il le fourre illico dans son sac avant que Chris puisse changer d'avis. Son excuse par la suite sera : « J'ai pensé : J'ai jeté tout le reste, je peux bien me permettre un petit luxe. »

Aux premières lueurs, lui et Bonington partent sur les cordes fixes, chargeant Rowlands de guider Scott quand la journée se réchauffera. Au bas de la section escarpée, ils découvrent que le camp de base avancé a été déserté, alors ils enchaînent directement, d'abord sur un kilomètre et demi de neige crevassée, puis sur le long glacier – quatre kilomètres sur la glace, un sur de la moraine. Scott dira plus tard que ces cinq derniers kilomètres ont été pour lui le passage le plus difficile de tous. Il a trois couches de vêtements pour protéger ses genoux, ainsi que des bandes de tapis de sol, mais lorsqu'il rampe jusqu'au camp de base à dix heures et demie ce soir-là, toutes ses protections sont usées jusqu'à la corde ; ses genoux sont en sang, engourdis et gonflés comme des melons.

Bonington est presque au bout du rouleau, il crache des glaires d'un jaune inquiétant et pique du nez chaque fois qu'il fait une pause. Alors dès qu'ils atteignent le terrain relativement sûr du glacier, où les crevasses sont visibles, Mo l'abandonne et fonce vers le camp de base pour chercher de l'aide. Mais le camp de base, lui aussi, a été déserté. Nick Estcourt y a attendu une semaine, avec six porteurs, tandis que la tempête faisait rage dans la montagne. Ne voyant pas les grimpeurs apparaître au deuxième matin de beau temps, il a perdu espoir de les revoir vivants et il est descendu au village le plus proche, Askole, pour organiser une battue. De fait, il s'est mis en route le matin même, le 20 juillet, en laissant derrière lui une note peu réjouissante qui commençait ainsi : « Si vous arrivez à lire ces mots, ça signifie probablement qu'au moins l'un d'entre vous est en vie… » Il a aussi laissé une livre de cake aux fruits en conserve, cinquante barres de nougat et toutes les bricoles qu'il a réussi à soustraire à l'appétit des porteurs.

Mo prend un quart du cake, une barre de nougat et un demi-sachet de soupe, laisse un mot pour dire qu'il va à Askole et se met immédiatement en route. Il est alors près de cinq heures de l'après-midi et il marche déjà depuis douze heures. La distance jusqu'à Askole est environ de cinquante-cinq kilomètres – quarante jusqu'à Korophon, où s'achève le glacier de Biafo, puis quinze le long de la rivière Braldu. À plusieurs reprises, Mo s'endort debout et se réveille en train de marcher. Perturbé, il s'impose une routine : soixante minutes de marche, puis une micro-sieste de cinq minutes. Il marche jusqu'à minuit, quand la lune descend et qu'il ne voit plus où il va, puis il dort quatre ou cinq heures jusqu'aux premières lueurs. Il continue de marcher tout le jour suivant – soixante minutes de marche, cinq de sieste – et dépasse Korophon à minuit pile. De là, le terrain est relativement plat. Mais il y a une rupture de pente à passer et, quand il y parvient, la lune descend de nouveau. Il dort encore quelques heures. Quand il entre dans Askole à sept heures le lendemain matin, la première personne qu'il voit est le chef du village, qu'il connaît depuis ses deux précédentes expéditions au Trango, une montagne de la région. « En général, les Baltis ne montrent pas beaucoup leurs émotions, raconte Mo. Mais en me voyant, il fait une sorte de décollage vertical, puis il se précipite pour me serrer dans ses bras. Je me dis : Ah quand même. Alors je remonte la rue, tout doucement parce qu'elle grimpe sec, et quand j'arrive au camp, il y a Nick qui court vers moi. Je n'ai jamais vu une telle joie sur un visage. Il était convaincu qu'on était tous morts. »

En l'espace de quelques heures, Estcourt et une douzaine de porteurs se mettent en route pour le camp de base. Ils font la longue ascension en à peine plus de vingt-quatre heures et ramènent Scott à Korophon sur une civière, avec la tendresse qu'on témoigne à un bébé. Pendant ce temps, un coursier est parti à Skardu, la ville la plus proche, et les autorités ont contacté Rawalpindi par radio pour envoyer un hélicoptère récupérer les blessés, un par un, depuis Korophon. Mais ils ne sont pas au bout de leurs peines. À l'atterrissage, avec Scott sanglé à une civière, un rotor tombe en panne juste au moment où l'hélico arrive en vue de l'escarpement où se situe Skardu. L'appareil décroche de six mètres et s'écrase au sol. Personne n'est blessé, mais, si la panne était survenue dix secondes plus tôt, ils auraient manqué l'escarpement et se seraient fracassés comme des œufs. Le plus mal loti est Chris Bonington, qui doit attendre une semaine à Askole l'arrivée d'un deuxième hélicoptère.

7. *Le principe de plaisir*

Descendre une longue montagne difficile pendant six jours de blizzard, sans nourriture et avec deux chevilles cassées, fut un acte de bravoure extraordinaire de la part de Doug Scott. L'exploit fit les gros titres à son retour en Angleterre et valut même à Scott le trophée d'un casino londonien, le Victoria Sporting Club. Néanmoins, Scott s'évertua à expliquer que le sauvetage avait été un travail d'équipe ; le casino n'acceptant pas que les quatre grimpeurs reçoivent le trophée ensemble à la télévision, il le refusa. Sans la force et l'endurance stoïque de Scott, il n'y aurait sans doute pas eu de dénouement heureux à cette épopée-là. Quand bien même, l'heureux dénouement, à l'instar de l'ascension et de la descente, fut un travail d'équipe de A à Z. Jusqu'au dernier jour de l'ascension, les quatre s'étaient alternés en tête et, sans la distraction de Bonington, ils seraient tous parvenus au sommet ensemble. Lorsque le désastre se produisit, ce furent Mo et Clive Rowlands qui ramenèrent les deux autres en bas de la montagne sains et saufs. Rowlands força un passage jusqu'au sommet ouest enfoncé jusqu'à la taille dans la poudreuse et Mo mena ensuite la périlleuse descente, retraçant le parcours compliqué dans la tempête, enlevant la glace sur les cordes fixes, installant les relais et les rappels. Enfin, ce fut Mo qui se lança dans cette marche forcée hallucinatoire jusqu'à Askole.

Pourtant, entre le sauvetage et le battage médiatique qui s'ensuivit, un curieux tour de passe-passe s'opéra : Mo et Clive Rowlands disparurent de l'histoire comme par enchantement. Les montagnes ont rarement les honneurs de la presse ; l'Everest mis à part, il est rare qu'on leur consacre plus d'une demi-colonne dans les pages intérieures. L'Ogre, lui, et la prouesse extraordinaire de Scott, eurent droit à tous les égards médiatiques. Le *Sunday Times*, par exemple, fit paraître une double page centrale avec une photo, un schéma et une belle tartine sur le thème « la mort ou la gloire ». Mais là encore, Mo et Rowlands apparaissaient comme de simples porteurs d'eau – dans les journaux à sensation, ils n'apparaissaient pas du tout. C'était une des applications du vieux principe de Fleet Street* : les grands noms font les grands tirages. Comme on me le fit remarquer à l'époque : « Ça ferait désordre de raconter que deux des plus célèbres grimpeurs du pays ont été évacués d'une montagne par une paire d'inconnus. » Et même si les journalistes avaient pris la peine d'aller au bout de l'histoire, ils n'auraient

* Terme désignant la presse britannique, les principaux journaux du pays ayant longtemps eu leur siège dans cette rue de Londres. (*NdT*)

sans doute pas été aidés par Mo ou Rowlands, qui partagent la même aversion pour la publicité. « On est aussi célèbre qu'on décide de l'être, explique Mo. Doug et Chris se doivent d'être connus, parce qu'ils ont besoin d'argent pour pouvoir grimper tout le temps. Ils n'ont pas d'autre source de revenus, à part les conférences et l'écriture. Moi qui ai une entreprise, je peux me permettre de ne pas être sous les feux de la rampe. »

Comme pour prouver ses dires, il publia un récit caustique de cette escalade dans l'*Alpine Journal*, la plus guindée des revues spécialisées, où il accordait à la descente depuis le sommet ouest jusqu'au camp de base tout juste l'équivalent d'un sonnet, quatorze petites lignes incluant son opinion sur cette rude semaine : « Curieusement, l'expérience n'avait rien d'effrayant et, sans aller jusqu'à dire que c'était agréable, ça ne manquait clairement pas de piment. » Aucune mention des gelures, aucune mention de ses deux jours de marche à la fin. Une forme de pied de nez au battage médiatique.

Malgré tout, l'Ogre lui prouva une fois de plus cette vérité apprise six ans plus tôt après l'expédition à El Toro : il existe un fossé infranchissable entre les attentes des médias et celles des grimpeurs eux-mêmes. Lorsqu'il fut invité à se joindre à une expédition au K2 avec tout le gratin de l'escalade, il déclina.

Au lieu de quoi, il partit avec trois amis proches – Martin Boysen, Bill Barker et Pete Minks – pour une tentative d'ascension de la face ouest du Gasherbrum 4. En 1976, l'année avant l'épopée de l'Ogre, Boysen et Mo avaient escaladé le Trango, un bel éperon rocheux de 6 000 mètres dans le Karakorum. « Au sommet du Trango, j'ai levé les yeux vers le glacier de Baltoro et j'ai vu ce grand parking de montagnes magnifiques, raconte Mo. C'est un spectacle incroyable, la plus belle collection de sommets au monde. J'ai pensé : Il faut que je monte là-haut. Et la face ouest de Gasherbrum donnait l'eau à la bouche. » En 1958, quand le grand grimpeur italien Walter Bonatti avait réalisé la première ascension du Gasherbrum 4 par l'arête est, il avait contemplé d'en haut la face ouest et ses 3 000 mètres et avait noté avec émerveillement que c'était sans doute une voie pour les années 1980. Vu ainsi, Mo et ses amis avaient dix ans d'avance. Ils ne sont pas montés tout en haut, mais ils auraient pu y parvenir si Minks ne s'était pas fracturé la cheville en tombant. Les trois autres avaient poursuivi l'ascension jusqu'à 7 000 mètres – à 900 mètres du sommet – jusqu'à ce que la taille et l'escarpement de la face, le rocher pourri, la difficulté technique et l'épuisement les découragent. Finalement, Bonatti avait vu juste : la face ouest finit par être escaladée en 1985 et elle est aujourd'hui considérée comme la voie la plus difficile de tout le sous-continent indien.

L'année suivante, 1979, Mo se rendit dans la région de Kishtwar, au Cachemire, où le climat est généralement clément, pour une tentative d'ascension d'un sommet relativement modeste de 6 700 mètres nommé Brammah II. Mais le temps fut inhabituellement mauvais et ils n'allèrent nulle part. Au cours des quatre années suivantes, il retourna chaque saison au Thalay Sagar, un sommet de 6 900 mètres du Garhwal Himalaya, près de la frontière chinoise. Chacune de ces expéditions était modeste, non sponsorisée et constituée exclusivement d'amis. Jackie l'accompagna pour sa première tentative et s'en sortit extrêmement bien. C'était sa troisième expédition majeure. En 1978, elle avait monté une équipe uniquement composée de femmes pour gravir le Bakhor Das, dans le Karakorum. Comme Mo sur l'Ogre, elle filma l'expédition pour la BBC ; à la différence de Mo, elle obtint le prix Mick Burke du « meilleur film d'aventures ». Réaction de Mo : « Bien sûr qu'elle a gagné. Je lui ai appris tout ce que je savais. » Lors de sa troisième tentative au Thalay Sagar, en 1982, la vieille équipée formée de Mo, Joe Brown, Bill Barker, Clive Rowlands et Malcolm Howells parvint à un point où seuls quelques dizaines de mètres de rocher et une petite crête enneigée les séparaient du sommet. Mais Brown et Howells se lancèrent dans un numéro de jongleries avec un sac à dos plein de matériel indispensable et réussirent à le faire tomber en bas de la montagne. Une fois de plus, ils durent faire demi-tour. L'année d'après, 1983, Mo et Brown y retournèrent seuls, déterminés à rejoindre rapidement le point le plus haut qu'ils avaient atteint la fois d'avant grâce à des cordes fixes, puis à terminer la voie. Mais une énorme tempête de neige en tout début de parcours sonna le glas de leurs espoirs. Une autre cordée utilisa le matériel laissé par l'expédition de 1982 et atteignit le sommet lors d'une belle éclaircie de 1983.

Malgré un taux de succès assez bas en termes de sommets gravis, quatorze années consécutives d'expéditions offrent un bagage considérable d'expérience en montagne. Et entre ces expéditions, Mo connut plusieurs saisons de grimpe hivernale dans les Alpes françaises et suisses, où les conditions sont souvent plus rudes qu'en Himalaya. Il fit également deux virées – en 1979 et 1980 – dans les forêts d'Équateur, en quête de l'or des Incas. Il était accompagné de Brown, MacInnes, Boysen et Jackie, et ils ne trouvèrent pas d'or. Mais ils découvrirent les vestiges d'une ancienne mine d'or inca et explorèrent une jungle montagneuse près de la source du fleuve Napo, où les Indiens eux-mêmes n'avaient pas mis les pieds.

Pourtant, depuis l'Ogre, aucune des expéditions d'alpinisme de Mo n'avait reçu la bénédiction des sponsors ou des journaux. Avec ses amis, ils étaient allés dans ces chaînes reculées de la même manière qu'ils partaient autrefois passer l'été dans les Alpes : des vacances d'escalade où ils emportaient leur propre matériel et payaient leur entrée. C'est une façon de redonner un statut d'amateur à une activité de plus en plus professionnalisée et elle dérive naturellement de la croyance de Mo dans le principe de plaisir : « Une expédition, c'est censé être un bon moment, dit-il. Certes, c'est sacrément exigeant et il peut t'arriver d'avoir peur, mais avant tout ça doit être marrant. Si l'expédition est médiatisée, il est possible que les grimpeurs en quête d'attention marchent sur les pieds des autres, et tout est sacrifié pour le sommet. Moi, je ne trouve pas qu'arriver au sommet soit si important. Tu peux toujours avoir une deuxième chance. Ce dont tu te souviens après une expédition, ce n'est pas le moment où tu es debout au sommet, mais ce que tu as traversé pour y parvenir. Le sentiment le plus agréable est de savoir que tu comptes sur quelqu'un d'autre et qu'il compte entièrement sur toi. Sur le Roraima, par exemple, quand on était sur la paroi avec Joe depuis je ne sais pas combien de jours et qu'on n'était encore qu'à mi-chemin, on est arrivés à un passage horrible qu'on a appelé l'écaille africaine. C'est Joe qui grimpait en tête, mais il a avancé quelques mètres avant de faire demi-tour. Il était nerveux, le rocher n'était pas bon et il avait la sensation que toute l'écaille pouvait se décoller s'il plantait un piton au mauvais endroit. Alors j'ai dit que j'allais tenter le coup. On s'était relayés jusque-là, mais c'est moi qui ai pris la tête pour les trois longueurs de cette écaille. Quand je suis arrivé en haut de la troisième longueur, j'étais complètement rincé. J'étais suspendu à la paroi avec des placements de coinceurs pas terribles et 300 mètres de vide sous mes chaussures. J'étais un peu tendu et trempé comme une soupe, et je suis resté là des heures pendant que Joe grimpait vers moi et déséquipait les fissures à mesure qu'il montait. Quand il est arrivé à ma hauteur, il a commencé à se vacher. J'ai dit : “Tu peux grimper en tête sur la prochaine ?” Il aurait très bien pu répondre : “Je ne me sens pas. Je suis trempé, je suis épuisé, j'en ai assez. À chaque jour suffit sa peine, on redescend.” Mais non. Il a grimpé en tête sur la longueur suivante, qui était sacrément dure et périlleuse, et je suis sûr qu'il ne l'a fait que pour moi, parce qu'il savait que je voulais y monter. Ce genre de geste est typique d'une bonne expédition. Tu tombes dans des extrêmes d'égoïsme et des extrêmes d'altruisme. Le truc marrant, c'est que tu as tendance à excuser l'égoïsme – tant qu'il ne va pas trop loin – parce que tout le monde en bave à mort. »

Pour l'observateur extérieur, le quotient de souffrance paraît si élevé qu'il est difficile d'imaginer comment une expédition dans l'Himalaya ou le Karakorum pourrait être qualifiée de « marrante ». Les montagnes sont trop vastes, trop hautes, trop reculées. Pour quelqu'un qui n'aurait grimpé qu'au nord du Pays de Galles, par exemple, le premier séjour dans une chaîne relativement grande comme les Alpes implique tout un apprentissage de l'adversité et de l'épuisement ainsi que la nécessité permanente de composer avec des dangers objectifs sur lesquels on n'a aucune prise : un mauvais rocher, des avalanches, des chutes de pierres, une météo capricieuse. Mais dans les Alpes, il y a au moins des villes et des villages éparpillés dans les vallées, et des refuges confortables et bien entretenus positionnés stratégiquement dans les montagnes ; dans certaines régions il y a même des téléphériques pour raccourcir les longues randonnées depuis la vallée. Mais dans les plus hautes chaînes, il n'y a aucun équipement, et tous les autres problèmes sont considérablement amplifiés par l'échelle gigantesque des montagnes : les marches d'approche se mesurent en semaines, pas en heures, et les voies en kilomètres plutôt qu'en mètres. Ajoutez à cela le froid extrême et l'effet débilitant de la haute altitude qui force même les plus costauds à avancer au ralenti. Plus insidieusement, il y a aussi quelque chose de débilitant à passer plusieurs semaines dans des zones où rien ne pousse jamais et où on ne trouve que du rocher, de la neige et de la glace. Et au-delà de toutes ces difficultés, il y a simplement l'âpreté et les vicissitudes de la vie d'expédition. Comme le dit Mo : « Certains découvrent qu'ils ne supportent pas une situation aussi inconfortable au quotidien. Ça leur sape le moral. Et d'ailleurs, c'est comme ça que réagit une personne normale. Malheureusement, l'escalade est si élitiste que, si quelqu'un a une réaction normale, les autres disent : "L'altitude ne lui réussit pas." Mais la vérité est que les gens à qui l'altitude réussit sont toujours un peu farfelus. Les Boysen et les Scott qui font des prouesses sur du rocher technique à très haute altitude sont exceptionnellement rares, parce que au-dessus de 6 000 mètres, même le rocher facile paraît extrême. Et la capacité à supporter cette épreuve permanente est tout aussi farfelue. À part sa volonté et ses talents d'alpiniste, il y a deux bonnes raisons pour lesquelles Bonington a des états de service aussi impressionnants dans l'Himalaya : il est capable de tolérer n'importe quel inconfort et c'est un parfait philistin en ce qui concerne la nourriture – pour lui, n'importe quelle bouillie fait l'affaire tant qu'elle est bourrée de curry en poudre. Joe Brown est pareil : tant que c'est pimenté à mort, il peut manger n'importe quoi. Pendant une expédition, l'indifférence à l'inconfort est aussi importante que l'endurance. Par exemple, sur l'Annapurna en 1970, Don Whillans a passé cinq jours sous une tente, à vivre de porridge et de cigares. Dans des conditions pareilles, la plupart des gens auraient craqué. Je suis sûr que je craquerais aujourd'hui – et Don aussi, s'il était encore en vie. Ce n'est même pas qu'ils craquent. Ils pensent simplement : "J'en ai plein le dos, c'est trop inconfortable ; il n'y a aucun plaisir ; je ne suis pas venu ici pour passer un mauvais moment." Ben moi, je pars avec l'idée que je ne vais pas passer un bon moment sur le coup, mais que j'apprécierais après, parce que j'aurais vécu une expérience en montagne avec des copains. Si tu arrives au sommet, tant mieux. Mais ce n'est pas ça l'enjeu. Et si tu t'attends à ce que ce soit la joie tous les jours, autant laisser tomber tout de suite. »

8. *Snowdon Mouldings*

Chez lui à Nant Peris, en revanche, avant même que Mo construise le deuxième étage de sa maison, les standards de confort avaient été relevés à mesure que Snowdon Mouldings se développait. Le casque Joe Brown, conçu par Joe et Mo en 1968, s'imposa rapidement comme le meilleur produit du marché et devint un indispensable du monde de l'escalade. Quand le Club alpin allemand testa seize modèles de casques différents, le Joe Brown arriva haut la main en tête de toutes les catégories ; lors d'un test britannique, son absorption des chocs fut si bonne que le laboratoire, incrédule devant ces résultats, vérifia ses propres équipements. Mo, qui s'y entend en humour noir de grimpeur, sortit pour l'occasion un T-shirt de promotion représentant un casque JB sur un amas vaguement humain et une paire de bottes ; le texte disait : « Bon, la tête a l'air intacte ! » Dès 1971, la réputation de ce casque était si solide qu'un distributeur japonais représentant deux mille cinq cents points de vente passa une énorme commande à Mo. Mais à cette époque, Snowdon Mouldings ne représentait que quatre personnes dans un petit cottage à l'écart de la rue principale de Llanberis. Honorer la commande japonaise aurait impliqué un développement considérable, qui aurait pu à terme conduire à une grande capacité de production et à des commandes insuffisantes. Ainsi, Mo se persuada qu'il était parfaitement raisonnable, sur le plan commercial, de décliner la commande japonaise. Assurément, c'était raisonnable sur un plan plus personnel. L'attitude de Mo vis-à-vis de Snowdon Mouldings était assez semblable à celle qu'il avait vis-à-vis de son premier poste de moniteur d'escalade à Ogwen Cottage : l'idée était de continuer tant que ça ne lui gâchait pas le plaisir de grimper. En d'autres termes, il voulait diriger son entreprise et non pas être dirigé par elle. Aujourd'hui, les casques JB sont vendus à des grimpeurs partout dans le monde, ainsi qu'à l'OTAN et au FBI. Snowdon Mouldings n'a pas cessé de grandir et Mo ne songe plus à arrêter. Mais le principe demeure : l'escalade d'abord, l'argent ensuite.

Là aussi, il y a une certaine logique commerciale, car son expérience d'alpiniste ne cesse de nourrir les produits qui la financent. Sur les voies hivernales dans les Alpes et les rudes parois de glace du Karakorum, Mo s'est trouvé plusieurs fois en difficulté quand un piton lâchait ou que le manche de son piolet se brisait. Alors il a conçu une broche à glace en titane et un piolet à manche en fibre de verre, tous deux absolument incassables. Comme il n'y avait plus de place pour les fabriquer dans le cottage de Llanberis, il a investi une église à l'abandon dans les Highlands écossais en 1975 et l'a convertie en atelier. Même si ce nouvel atelier était à plus de huit cents kilomètres de son siège au Pays de Galles, le coin était magnifique et l'escalade fantastique en hiver. Mo a nommé son piolet le Curver, à cause de sa tête recourbée, et il l'a honoré d'un nouveau T-shirt. Celui-ci affiche dans le dos une image de la hache bien enfoncée entre les omoplates du porteur et le slogan « Pour une meilleure pénétration ». Devant, la pointe de la hache émerge de ce qui ressemble à un trou sanglant dans la poitrine.

Le Curver était un outil de spécialiste qui trouva preneur chez les amateurs de glace dure, mais jamais assez pour rapporter de l'argent. « Il coûtait tellement cher à produire qu'avec un prix réaliste, je n'en aurais jamais vendu un seul », explique Mo. Ce ne fut que lorsqu'il conçut une tente que la nature et l'étendue de son entreprise changèrent. « À force de partir en expédition, j'en ai eu marre des tentes qui n'étaient pas conçues pour la haute altitude, dit-il. Des tentes qui fuient. Des tentes qui s'écroulent. Des tentes que tu ne peux pas monter en conditions extrêmes, ou dont les piquets se cassent quand tu les montes et tout le truc te tombe dessus. Alors je me suis dit que j'allais en faire une comme je voulais. » Le résultat fut la Limpet, une invention brillante qui peut être plantée n'importe où en quelques minutes, qui n'a pas besoin de tendeur, et qui prend sa forme grâce à des piquets flexibles comme des cannes à pêche, en fibre de verre pultrudé incassable, qu'on insère à travers des tubes dans le tissu. La Limpet a nécessité deux ans de travail et il en existe aujourd'hui cinq imitations sur le marché (mais aucune n'a cette vertu élémentaire de tenir sans tendeur). La Limpet a aussi engendré toute une famille de nouveaux articles chez Snowdon Mouldings : quatre types de sac de bivouac et une fille aînée du nom de Mini-Dome, hybride entre une tente une place et un sac de bivouac. Tous, en tissu camouflage réglementaire, sont aujourd'hui utilisés par l'armée britannique. Si le ministère de la Défense n'a pas encore confié de contrat officiel à Snowdon Mouldings, le matériel se vend à tour de bras dans les régiments, en particulier aux SAS et aux Royal Marines, et mille sacs de bivouac de chez Snowdon ont été utilisés aux Malouines. La RAF a testé la Limpet dans la neige norvégienne et elle est revenue avec cinq critiques, que Mo, ravi de le leur annoncer, avait déjà anticipées pour la version Mark III. La RAF envisage d'inclure sa tente dans son pack de survie pour hélicoptère.

La Limpet et ses rejetons sont fabriqués en Gore-Tex, un tissu miracle qui est imperméable à l'humidité extérieure tout en laissant échapper la condensation interne. Mais le Gore-Tex doit être travaillé avec des machines spéciales : pour demeurer étanches, ses coutures doivent être scellées à chaud après avoir été cousues. Afin de justifier l'investissement dans les machines et d'exploiter au mieux leurs capacités limitées, les Anthoine se sont mis à fabriquer des vêtements étanches. Leur méthode était la même que pour leurs autres produits : ils regardaient ce qui se trouvait sur le marché, déterminaient ce qu'il fallait améliorer, puis ils s'assuraient que leur travail était le meilleur possible. Comme Mo, Jackie a découvert qu'elle était pleine d'idées brillantes en design ; elle aussi est une maniaque de la qualité, une perfectionniste chez qui le travail bâclé provoque une fureur n'ayant pas grand-chose à voir avec Blondie. Au départ, elle travaillait chez elle avec une petite équipe de femmes des environs qu'elle menait à la baguette pour couper, coudre et sceller, mais les produits ont vite submergé la maison. En plus des tentes et des sacs de bivouac, il y avait toute une gamme de vestes étanches, de surpantalons, de guêtres à neige et de salopettes. Et puis Mo a décidé que personne n'avait jamais réfléchi sérieusement au problème des gants, alors que les gelures aux doigts sont un enjeu majeur en montagne. Sa solution a consisté à sortir les moufles SM Mitts, en Gore-Tex étanche à l'extérieur et polaire à l'intérieur. Elles aussi intéressent l'armée.

En 1982, Mo a loué une vieille école près de Llanberis pour Jackie et son équipe. Puis, en 1984, il a fermé l'église des Highlands où étaient fabriqués les piolets et acheté une chapelle à Llanberis. Comme il dit : « Ce que j'aime avec les églises, c'est qu'elles n'ont qu'une seule pièce. » Celle-ci est une grande bâtisse joliment proportionnée, enduite à l'extérieur – par les soins de Mo – à la peinture blanche étanche. En comparaison avec les rangées de petites maisons alentour, elle fait grandiose et élégante. Mo s'est chargé lui-même du chantier de reconversion (à l'approche de la cinquantaine, le bricolage semble être devenu pour lui une addiction presque aussi forte que l'escalade). Il a d'abord aplani le sol, qui était incliné comme dans un théâtre, puis installé un étage pour diviser le bâtiment à l'horizontale. La chapelle avait un toit pointu, ce qui coûtait cher en chauffage. Mo a résolu le problème avec un plafond plus bas, qu'il a suspendu à des feuillards pliés autour des poutres massives et fixés aux solives. Malgré ses cent quatre-vingt-cinq mètres carrés de surface – comme les deux étages –, le plafond est à niveau au centimètre près, un détail qui le remplit de joie.

L'étage de la chapelle est aujourd'hui l'atelier de production des casques, un endroit propre, bien éclairé et imprégné d'une vive odeur chimique de styrène. (« C'est comme la pluie au Pays de Galles, dit Mo. Au bout d'un moment, on finit par ne plus faire attention. ») Pareils à des pots dans leur atelier, les casques sont empilés sur des étagères et distribués sur les établis à différents stades de réalisation, depuis les coques gris-blanc d'origine jusqu'au produit fini, verni en rouge, orange, bleu et blanc. Les fabricants de casques sont tous des hommes, et, pour entretenir leur bonne humeur et détourner leur attention de l'odeur, une photo de nu allongé en taille réelle est accrochée au mur. Au milieu de la pièce, un bureau aux cloisons vitrées a été installé pour Adrian, frère aîné de Mo et responsable de la production. Adrian est sympathique et enjoué, légèrement plus grand que Mo, mais beaucoup plus mince. C'est un bon organisateur, très efficace, mais, s'il lui arrive de sortir en montagne, il n'est pas ce que Mo appelle « un grimpeur spécialiste ».

Alors il gère les opérations quotidiennes et laisse le développement technique à son frère.

Le rez-de-chaussée, où sont fabriqués les produits en Gore-Tex, est lui aussi lumineux et silencieux, à l'exception du chuintement de l'air comprimé des générateurs qui alimentent la machine. Mais avec seize personnes pour actionner les machines et pratiquer la découpe – essentiellement des femmes, toutes locales –, ainsi que Jackie et la gérante, Liz Crew, il a l'air bondé. Deux immenses tables courent sur toute la longueur de la pièce ; l'une est une table à découpe, l'autre est couverte de machines, et les deux ont été construites par Mo. Trente rouleaux de Gore-Tex – à mille livres la pièce – sont entreposés sur des étagères sous la table à découpe. Le long des deux tables, on trouve des boîtes de guêtres, de moufles et de sacs de bivouac, et des piles de vestes dans des housses en plastique, chacune portant le nom du client. Une tente Limpet Mark III a été montée entre les tables. Mo y va de temps à autre, il inspecte, fouille et marmonne dans sa barbe. Jackie et une des machinistes ont une conversation animée au sujet d'une superbe veste de ski et d'une salopette dans des tons rouge et bleu vif, fabriquée sur mesure pour un gamin de dix-huit ans du coin, Tim Lloyd, qui s'entraîne pour gagner sa place dans l'équipe de ski olympique britannique. À l'heure du déjeuner, ma visite à la nouvelle usine ayant eu lieu juste avant Noël, les employés migrent en masse vers le pub le plus proche où ils se racontent les derniers potins comme une grande famille braillarde, et Mo leur paye des cocktails imbuvables – des porto-citron, des bière-cassis, ou des advocaat-limonade. Une heure plus tard, ils sont tous de retour au travail, manifestement pas trop amochés.

Cet après-midi-là, Mo et moi roulons dix kilomètres sous la pluie jusqu'à une petite zone industrielle à la sortie de Caernarvon où, six mois plus tôt, en mai 1985, les Anthoine ont ouvert un autre atelier, en partenariat avec une entreprise du nom de Cotswold Camping, pour fabriquer des vêtements destinés aux chasseurs-pêcheurs. La nouvelle entreprise s'appelait Aquabeta et elle produisait des vestes de chasse et des surpantalons en Gore-Tex au lieu du coton ciré traditionnel. Mo avait un espace unique de cent mètres carrés – comme d'habitude, il avait fabriqué les établis et installés les câbles électriques lui-même –, mais il s'apprêtait à s'agrandir avec une nouvelle pièce, car Aquabeta commençait déjà à prospérer. Ses voisins sur la propriété étaient Laura Ashley et deux boîtes d'informatique en plein essor, ce qui aurait pu être un signe pour l'avenir. (Ça ne l'était pas. Le partenariat ne fonctionna pas, et un an plus tard Aquabeta mit la clé sous la porte.)

Je dis à Mo qu'il est étrange qu'un homme dont la garde-robe se limitait à des jeans, des T-shirts et un demi-costume soit devenu concepteur de vêtements. « Notre créneau, ce n'est pas la mode, me répond-il. Il y a des centaines de fabricants et la concurrence est trop rude. Moi, la seule chose que je sais sur la mode, c'est que le rouge va avec du bleu. J'effectue mon étude de marché en faisant la tournée des bars de grimpeurs pour voir quelle est la couleur la plus populaire. Les grimpeurs sont un groupe très conservateur et leur couleur, crois-moi, c'est le bleu marine. Je crois qu'on raconte beaucoup de conneries sur le design, surtout le design de matériel d'escalade. L'escalade sur glace, par exemple, est un vrai sport de terrassier : déjà, tu perces tes propres trous. Alors que l'escalade sur paroi, tout ce qu'il te faut, c'est des doigts de chimpanzé et hop, c'est parti ! Voilà les réalités qu'il faut avoir à l'esprit quand on conçoit du matériel. Les gens demandent toujours : “Est-ce que le produit a tel ou tel truc ?” Moi, je crois que tant qu'il te va, qu'il est étanche, qu'il remplit la fonction qu'il est censé remplir et que tu n'as pas l'air d'un sac de patates avec, c'est bon. C'est trop facile d'en rajouter. Un jour, j'ai vu une tente avec vingt-quatre fermetures éclair, et on voit aujourd'hui des vestes constellées de poches, comme des bubons de peste. Ce genre de choses, c'est bien pour une couverture de *Vogue*, mais pas pour la montagne. L'exemple typique du bon design, ce sont les vêtements de ski de Jean-Claude Killy : ils ne sont pas tape-à-l'œil, ils sont bien faits, ils remplissent parfaitement leur fonction, et ils coûtent cher. Je n'ai jamais entendu personne se plaindre des vêtements de Killy, et dans dix ans ils seront encore à la mode. Ce sont des principes de design que j'admire et que j'essaie d'appliquer à mes produits. Je teste moi-même le matériel en montagne et je reçois en permanence les retours d'autres grimpeurs. Le reste, c'est du contrôle qualité. Pour l'essentiel, le design consiste à apporter des solutions simples à des problèmes basiques. Mais tu serais surpris de voir à quel point c'est rarement le cas. Un jour, j'ai regardé une émission sur une traversée de l'Atlantique à la voile en solitaire. Il n'y avait qu'un seul type à être correctement organisé – un Américain de soixante ans, qui restait au sec et mangeait de vrais repas – et c'est lui qui a gagné. Les autres étaient paumés. Ils frissonnaient, ils étaient trempés, affamés, en piteux état. Tout ce qui leur aurait fallu, c'était de bons vêtements en Gore-Tex et des sursacs de bivouac pour protéger leurs sacs de couchage de la condensation. Mais aucun n'avait rien de tout ça, alors que leurs bateaux coûtaient des milliers de livres. Si les grimpeurs étaient aussi je-m'en-foutistes en montagne, ils seraient tous morts. »

Sur la route du retour entre Caernarvon et Nant Peris, le vent forcit à mesure que la lumière décline, et il y a des moutons d'écume sur le Llyn Padarn. Les nuages posés sur le col de Llanberis masquent les cimes, et de vastes rideaux gonflés de pluie évoluent entre les parois des falaises les plus basses. Des torrents tumultueux et de petites cascades serpentent sur les flancs de coteaux là où on ne trouvait la veille que de la pierre et de l'herbe. Cinq centimètres d'eau se sont déversés sur la route, et la voiture au pas traîne derrière elle un panache d'embruns. En contrebas du chemin de Tyn-y-Ffynnon, la rivière est en crue, et nous avons les chaussures trempées.

Dans la maison, il y a une tête blonde devant une télévision dans chacune des deux pièces à vivre du rez-de-chaussée. Jo, trois ans, est allongée sur un fauteuil telle une odalisque et regarde un dessin animé. Mo fait « Ha ! » et se lance dans son numéro de monstre, traînant la patte et marmonnant des menaces. Jo pousse un cri aigu, puis se laisse chatouiller. Dans l'autre pièce, Bill, dix mois, est enfoncé dans le grand fauteuil de son père et regarde les actualités d'un air solennel. Il tient une canette de bière entre ses deux mains et la sirote avec beaucoup de concentration. La canette n'est pas ouverte.

À l'étage, je m'installe sur une caisse de rangement et regarde Mo peindre la plinthe de la deuxième grande chambre – qui va devenir celle des enfants – pendant que nous évoquons ses projets d'expédition pour 1986. En juin, il doit se rendre en Alaska avec Joe Brown pour deux ascensions successives du mont McKinley – d'abord par West Buttress, la voie normale, puis par Cassin Ridge, bien plus difficile, sur South Buttress. En cas de succès (ce sera le cas) ils comptent revenir un mois au Pays de Galles pour se reposer et reprendre du poil de la bête, avant de se joindre à une tentative britannique d'ascension de l'arête nord-est de l'Everest, encore jamais escaladée. L'arête nord-est est le dernier grand problème de l'Everest et c'est à la queue que gît le venin : une série de piliers rocheux entre 8 200 et 8 500 mètres. L'expédition sera conséquente – seize grimpeurs –, mais les Chinois ont déjà annoncé qu'aucun porteur ne sera disponible.

– Ce n'est pas un problème, dit Mo. Sur l'arête nord, tu peux faire monter un camion jusqu'à 5 800. Après, tu grimpes sur un yak et tu en descends à 6 400.

Tout de même, lui et Joe ne sont-ils pas un peu vieux pour se lancer dans la voie la plus difficile de l'Everest ?

– Pas de problème, répond Mo. Joe dit que ça ira tant qu'on se couvre bien et qu'on se tape une bonne nuit de sommeil.

La perspective de l'Everest a déjà commencé à faire des merveilles pour son entraînement, qui n'est pas un aspect de l'escalade auquel Mo s'adonne avec plaisir. Deux soirs par semaine, il s'entraîne sur un mur d'escalade, et il passe un troisième à faire de la gymnastique et des étirements. Tous les week-ends, par tous les temps, il grimpe : « Je ne vais pas à l'Everest tous les ans, alors j'ai intérêt à être le plus en forme possible. Comme ça, si je n'arrive pas en haut, je pourrai dire : "C'était trop dur pour moi. Je ne suis pas fait pour ce genre de chose." Mais au moins je n'aurai pas l'excuse de ne pas être assez affûté. » Il affirmait autrefois – à raison – que l'essentiel de son entraînement se faisait au pub. Il ne retrouve désormais ses copains au bar du Royal Victoria que le mercredi et le vendredi, où il se limite à trois pintes de bière, et le samedi, où il fait monter la mise à six pintes si l'atmosphère le justifie.

– Et la cigarette ? demandai-je.

– C'est drôle que tu en parles. J'étais justement en train d'y penser. Et je me disais qu'il fallait faire quelque chose. Je vais en fumer une.

Il l'allume, inhale d'un air satisfait, et retourne à sa peinture. Au bout d'un moment, il dit :

– J'arrête le 9 janvier. Le 1er janvier, c'est trop évident, et de toute façon je ne tiens jamais mes résolutions du nouvel an.

Une fois déjà, Mo a essayé d'arrêter de fumer. Il avait fait un pari avec un autre grimpeur, gros fumeur lui aussi : le premier à en griller une devait payer deux cent cinquante livres à l'autre. Six semaines plus tard, un dimanche matin, l'autre grimpeur se présente chez Mo, l'air penaud. Il traîne les pieds, se gratte le cou, puis il sort son chéquier. Il est allé à une fête la veille. L'ambiance était bonne et tout le monde fumait. La tentation était trop forte.

– Je te donne les deux cent cinquante ? demande-t-il.

– Donne-moi juste une cigarette, répond Mo.

À sa deuxième tentative, en janvier 1986, Mo n'a tenu que deux semaines.

9. *Mission*

Un jour, alors que nous parlions de deux expéditions auxquelles Mo avait participé en Équateur en quête de l'or des Incas, Mo me donna une explication simple de son idée du principe de plaisir : « J'aime l'aventure. Et pas seulement l'aventure en montagne. J'aime les virées dans la jungle, les virées en rivière, l'exploration. J'aime aller là où personne n'est allé – les endroits qui sont verts sur la carte. » Ce goût pour l'aventure, combiné à sa capacité avérée à s'en sortir indemne en toutes circonstances, lui donne l'occasion de faire des à-côtés qu'une personne moins occupée aurait pu convertir en carrière lucrative : il est responsable de la sécurité et caméraman-grimpeur pour les concerts de rock son et lumière dont raffolent les téléspectateurs britanniques, ainsi que pour des films tournés en montagne.

Si la caméra Super 8 que Mo a emportée avec lui à l'Ogre ne lui a pas valu le Mick Burke Award de la BBC, elle lui a appris des choses sur la manière de tourner un film, et elle lui en a donné le goût. L'Ogre était l'exemple ultime de sa maxime selon laquelle on n'a fait que la moitié du chemin lorsqu'on est au sommet. À l'Ogre, de fait, ils ne faisaient que commencer. Malheureusement, Mo avait utilisé sa dernière bobine pour filmer l'arrivée de Scott et de Bonington au sommet, et la descente épique n'a pas été immortalisée.

Après ça, il a emporté une caméra 8 mm dans toutes ses expéditions, pour essayer de mettre sur pellicule ce que ressent vraiment un grimpeur lorsqu'il s'attaque à un sommet majeur. « Aucun réalisateur n'a réussi à capturer la véritable atmosphère d'une expédition. C'est un mélange d'excitation et d'appréhension. D'abord l'excitation d'une nouvelle montagne, puis l'effort éreintant et la montée de la tension à mesure que tu réalises comme il est facile de se faire emporter par une avalanche, de se prendre un sérac ou de tomber dans une crevasse. Si tu as de la chance, rien de tout ça ne se produit, mais la tension est toujours là, et elle s'accumule chez tout le monde. Et puis, dès que tu arrives au sommet ou que tu décides de faire marche arrière, ce poids invisible disparaît et les gens ne sont plus les mêmes. Les caméramans n'ont jamais rien saisi de tout ça, parce que pour ces gens-là, tout est nouveau, et ils ne savent pas vraiment quoi chercher. Ils ne font que filmer ce qu'ils voient, or ce qu'ils voient est différent de ce que ressent le grimpeur. »

Son propre film d'expédition, dont les contours restent à définir, est encore loin d'être achevé. Mais les centaines de mètres de pellicule qu'il a tournés lui ont apporté des enseignements dont a profité la BBC lorsqu'elle a eu besoin d'un caméraman suspendu à la paroi pour filmer Joe Brown et Jackie en train de grimper à Glencoe. Mo raconte : « Une chose dont je me souvenais de ma Super 8, c'était de ne jamais finasser avec la caméra. C'est la règle d'or : laisser l'action se dérouler et ne pas en faire des tonnes ; cadrer et enregistrer ; ne pas se mettre à faire des zooms ou des plans panoramiques, parce qu'à moins d'être vraiment un bon caméraman, ça n'aura l'air de rien. Les caméras amateurs modernes sont incroyablement sophistiquées par rapport aux caméras 16 mm ou 35 mm. Elles ont tellement de gadgets – des boutons pour zoomer, pour les gros plans, des boutons pour tout – qu'il est tentant de faire des artisteries. Eh bien, voilà une tentation de la vie à laquelle j'ai réussi à résister quand j'ai commencé à filmer pour la BBC. Je tenais ma caméra bien droite et je filmais ce que Mike Begg, le réalisateur, voulait voir. S'il disait : "Je veux un gros plan sur les mains de Joe", je le faisais, et je ne bougeais pas tant qu'on ne me le disait pas. Je n'essayais pas de me la jouer artiste et je crois que c'était un soulagement pour Mike. Il a aussi compris que l'avantage d'avoir un grimpeur derrière la caméra est qu'il sait ce qui va se passer ensuite. Il sait où est le passage difficile. Si quelqu'un va tomber, le grimpeur sait de quelle prise il va tomber. Un caméraman normal ne sait pas ces choses-là, il est capable d'être en train de regarder le ciel et de faire des effets de style au moment critique. En plus de ça, un non-grimpeur en terrain instable va s'inquiéter pour lui plus que pour son travail, tandis qu'un caméraman grimpeur ne remarque même pas l'exposition. »

Pour Mo, son rôle de caméraman était avant tout un moyen d'obtenir un supplément de vacances en montagne tous frais payés et un chèque à la fin. Mais dans le monde du cinéma, une chose en entraîne souvent une autre. En 1981, Fred Zimmerman partit dans les Alpes suisses tourner un film avec Sean Connery intitulé *Cinq jours ce printemps-là*. Mo fut d'abord engagé comme responsable de la sécurité, puis il reçut une formation accélérée à la caméra Arriflex et obtint un contrat d'assistant caméra. Lui, Joe Brown et Hamish MacInnes passèrent l'été dans les Alpes suisses à aménager les crevasses afin de les rendre praticables pour l'équipe de tournage, à monter et descendre du matériel le long des parois et dans les trous de glace, à jouer les doublures pour les scènes d'escalade, à garder un œil protecteur sur tout le monde, et à développer un goût ruineux pour le champagne.

Mo apprit aussi les subtilités de l'Arriflex : il s'occupait du clap, chargeait la caméra, effectuait les bascules de point, nettoyait le couloir, changeait les objectifs et les filtres. Mais, selon la stricte hiérarchie du set de tournage, la seule chose qu'il ne pouvait pas faire en tant qu'assistant caméra était de regarder à travers l'objectif. Mo, lui, avait d'autres idées en tête. Le chef caméraman était Arthur Wooster, un homme qui avait la réputation de savoir filmer dans des environnements dangereux et qui avait même remporté un prix pour ça. « Un type épatant, affirme Mo. Mais une catastrophe ambulante. Il sautait n'importe où, en général juste par ignorance crasse. » Pour cette raison sans doute,

Wooster avait un faible pour l'anarchie naturelle du monde de l'escalade. « Je lui disais : "Fais-nous voir un peu, Arthur", et l'autre assistant caméra poussait un cri horrifié. Mais Arthur s'en fichait. Pour lui, j'étais juste un petit nouveau qui voulait apprendre à faire des films. Alors il nous donnait plein de tuyaux. Il me disait quoi faire et pas faire, comment cadrer ses prises et pourquoi. Il savait que je ne cherchais pas à lui piquer son boulot. »

Une chose en entraîna une autre. Il y eut de nouvelles commandes pour la télévision, dont une série sur l'escalade à Lakeland présentée par Chris Bonington, un biopic sur Joe Brown et une émission drôle et irrévérencieuse où Joe Brown et un Don Whillans à l'embonpoint spectaculaire reviennent escalader trente ans après une de leurs voies galloises les plus ardues, Cemetery Gates. (Au moment où le combat contre le rocher glissant semble le dépasser, Whillans lance : « La prochaine fois que tu m'organises une séquence nostalgie à la verticale, veille à ce que le rocher soit sec ! ») Il y eut aussi un autre film avec Sean Connery intitulé *Highlander*. Puis, en 1985, quand David Puttnam et Roland Joffé se rendirent aux chutes d'Iguazú en Argentine pour tourner *Mission*, ils découvrirent qu'il leur fallait l'aide d'un professionnel pour composer avec les falaises, le fleuve et les chutes elles-mêmes. Une fois de plus, Brown, MacInnes et Mo furent appelés à la rescousse, et cette fois ils s'occupèrent de tout. Ils firent office de grimpeurs, de responsables de la sécurité, de cascadeurs, de doublures, et ils contribuèrent même à certains effets spéciaux. Ils grimpèrent dans les chutes en solo et à la corde, hissèrent des caméras et des canoës le long des parois et fixèrent des cordes depuis la rive jusqu'à un rocher au bord des 80 mètres de chutes. Parmi leurs fonctions, Brown fut la doublure de Robert De Niro et Mo de Jeremy Irons. (« Parce que je fais un mètre quatre-vingt-cinq et que je suis blond ! » dixit Mo.) Avant la fin du tournage, l'équipe comprit que sur un site dangereux, qui requiert du courage et de l'ingéniosité, les grimpeurs peuvent se montrer utiles même lorsqu'il n'y a pas grand-chose à grimper.

La dernière carte postale que j'ai reçue de Mo est arrivée en septembre 1987, en provenance d'Israël. Là encore, il travaillait sur un film, *Rambo III*, et là encore il escaladait des parois verticales. Cette fois, son torse enduit de graisse brillait comme une voiture chez le concessionnaire et il doublait Sylvester Stallone.

Pour les grimpeurs eux-mêmes, travailler sur des films n'était pas seulement synonyme de billets d'avion gratuits pour des endroits exotiques, avec un gros chèque et des notes de frais généreuses, mais aussi d'une belle portion du plat préféré de Mo, l'aventure. « Ce que j'aime avec les films, c'est que le meilleur arrive toujours de manière soudaine, sans prévenir. Quand tu es chez toi au Pays de Galles à regarder la pluie, deux ans après la guerre des Malouines, la dernière chose à laquelle tu t'attends, c'est de te retrouver en Argentine une semaine plus tard, dans un des plus beaux lieux du monde, en train d'escalader des chutes d'eau, déguisé en père jésuite. »

10. *Le Old Man de Hoy*

La première fois que nous avons grimpé ensemble avec Mo, il y a plus de vingt ans, nos dix ans de différence ne semblaient pas avoir grande importance. Bien sûr, il pouvait passer des voies sur lesquelles je ne pouvais même pas décoller, mais nous avions résolu ce problème en ne tentant que des itinéraires qu'il jugeait dans mes cordes. Il veillait aussi à toujours grimper en tête. Notre accord était tacite mais parfaitement clair : c'était ma bête qu'on nourrissait, pas la sienne.

Ces temps-ci, ma bête est en sommeil et, dans les rares occasions où Mo grimpe avec moi, c'est toujours sur de petites voies anodines, au nom du bon vieux temps. Mais je crois que secrètement, je rêvais d'une dernière sortie sérieuse avec lui, voire pourquoi pas une petite épopée, avant de raccrocher les crampons. L'occasion se présenta lorsqu'un ami m'appela à l'été 1985 pour me proposer d'escalader le Old Man de Hoy. L'ami en question était George Band, membre de la première expédition réussie de l'Everest en 1953 et qui, deux ans plus tard, a réalisé la première ascension du Kangchenjunga. Depuis lors, il a grimpé les échelons de l'industrie pétrolière jusqu'à devenir directeur général de UKOOA, l'association des opérateurs offshore du Royaume-Uni, qui offre aux entreprises exploitant les gisements offshores britanniques un canal de communication avec le monde extérieur et un forum de discussion interne. En d'autres termes, c'est un homme auquel les compagnies pétrolières aiment rendre service. Alors, quand Occidental Oil l'a invité à visiter son terminal pétrolier à Flotta, une des îles de l'archipel des Orcades au large de la pointe nord-est de l'Écosse, et qu'il a suggéré que tant qu'à y être, il pouvait emmener quelques amis escalader le Old Man de Hoy, « Oxy » a immédiatement accepté d'organiser le voyage.

Band, qui a mon âge – nous avions cinquante-six ans à l'époque –, invita son ami Richard Sykes, trois ans de moins, et Peter Evans, la vingtaine, dont le père avait gravi l'Everest avec Band en 1953. Band m'appela, je proposai Mo, et Mo proposa Paul Trower, trente-trois ans, un des grimpeurs les plus talentueux de la communauté anglaise des exilés volontaires de Llanberis. Quels que soient nos autres faits d'armes, nous serions au moins les plus vieux hommes du Vieil Homme : deux cent soixante-quatre ans à nous six, un âge moyen de quarante-quatre ans. Sans Peter Evans, la moyenne montait presque à quarante-neuf. Oxy ajouta deux non-grimpeurs à la fête : un photographe du nom de Chris Mikami et un jeune des relations publiques, Alex Blake-Milton, pour organiser la logistique.

Le Old Man est ce qu'on appelle un stack, une tour rocheuse émergeant à la verticale de l'Atlantique sur la côte nord-ouest de l'île de Hoy. Je l'avais vu deux fois, en 1967 et en 1984, mais seulement à la BBC. Les deux fois, il m'était apparu comme mon idéal d'escalade : un endroit sauvage et magnifique, un rocher abrupt, du soleil, la mer en contrebas. Mais au premier abord, de loin, à huit heures trente un samedi matin gris de septembre 1985, il paraissait presque décevant, certainement inoffensif.

Une heure et demie plus tôt, lorsque nous nous étions retrouvés sur l'embarcadère de Stromness, les rues luisaient de pluie, le quai était parsemé de flaques. Puis il y avait eu une demi-heure de traversée de l'embouchure de la baie de Scapa Flow dans un ferry secoué par les vagues. Nous avions laissé derrière nous le phare de Graemsay, qui clignotait encore dans l'air matinal, pour nous diriger vers la grosse masse sombre de Hoy, seule parmi les îles des Orcades à avoir de véritables collines et des falaises abruptes qui plongent dans la mer. Derrière Hoy, les nuages à l'ouest étaient noirs, mais, alors que nous tanguions au milieu de la baie, un soleil bas arriva de l'est à la diagonale, éclairant les maisons de granite de Stromness derrière nous. Sur l'île de Graemsay, il y avait un vieux fort en pierre et une série de casemates délabrées. Au milieu du chenal – poupe en bas, proue en l'air – gisait l'épave sinistre d'un navire marchand sabordé pendant la Première Guerre mondiale pour empêcher les sous-marins allemands de pénétrer dans Scapa Flow, l'énorme port naturel où était abritée la flotte britannique. Les vagues grondaient tout autour – à cet endroit, la marée monte à neuf nœuds et demi – et son pont rouillé était envahi d'oiseaux de mer, des cormorans pour l'essentiel, pareils à des travailleurs maussades attendant leur train du matin. D'autres cormorans – des oiseaux sans grâce au long cou – écumaient la surface de l'eau en quête d'un petit-déjeuner. Nous étions assis à l'arrière du bateau et regardions le vent fouetter les moutons sur la baie tandis que Chris Mikami s'affairait à ses photographies officielles.

– Pour les nécrologies, dit Mo.

Le ferry nous déposa au petit débarcadère de Hoy et s'éloigna précipitamment, comme si l'île était contaminée. Mais le débarcadère était un petit local fermé à clef, comme un abri de jardin, à côté d'un poteau où était affiché un panneau métallique au message sévère :

> Old Man de Hoy. Les grimpeurs sont prévenus qu'il n'y a ni matériel de secours ni grimpeur expérimenté sur le site. Les grimpeurs poursuivent donc à leurs risques et périls.

Une camionnette était garée au débarcadère, remplie de notre matériel arrivé par ferry de Stromness la veille. Nous traversâmes l'île en silence en regardant les lapins détaler dans la bruyère. Il pleuvait de nouveau. Puis le soleil fendit les nuages dans un interstice bleu mat et un grand arc-en-ciel apparut entre les collines qui gardent le village de Rackwick – une poignée de cottages en pierre éparpillés dans une vaste baie, avec des falaises jaune-orangé au loin.

Nous garâmes la camionnette devant l'auberge de jeunesse de Rackwick, prîmes nos cordes et nos sacs à dos, et empruntâmes le long chemin qui coupe à flanc de coteau derrière le village jusqu'à une crête émoussée. Derrière la crête s'étendait une vaste lande incurvée – quatre cinquièmes de bruyère, un cinquième de tourbière – bordée par des falaises qui disparaissaient dans la mer. Au nord-ouest, à un bon kilomètre, au-delà du cap le plus éloigné, le Old Man se dressait telle une cheminée sur un dessin d'enfant – des contours hésitants et un sommet incliné et herbeux. Il avait l'air d'une petite chose ridicule, à peine quinze mètres plus haut que le cap adjacent, et je me demandais pourquoi on en faisait tout un plat. Pour le comprendre, il me fallut attendre d'avoir pataugé dans la tourbe jusqu'au cap, avancé jusqu'au bord et regardé en bas.

À une centaine de mètres, au bout d'un promontoire rocheux qui était autrefois une arche et qui n'est plus qu'un amas de rochers, le Old Man émerge de l'Atlantique à la verticale, tel le doigt réprobateur de Dieu. Son socle est en granite (ce qui explique pourquoi il n'a pas été emporté au fond de l'eau depuis belle lurette), mais le Old Man à proprement parler est un pilier carré en grès des Orcades, couleur terre cuite et haut de cent quarante mètres, avec un sommet de même surface que la base. La section centrale, en revanche, forme un petit renflement, comme une bedaine de bière, ce qui signifie que, quelle que soit la face par laquelle on l'aborde, un passage au moins affichera un dévers conséquent. On aurait dit une version délabrée de la Post Office Tower de Londres – « disproportionnée par rapport à notre fragilité », pour paraphraser David Jones évoquant les batteries d'artillerie du front ouest lors de la Première Guerre mondiale. Si j'avais su que j'allais grimper ça, pensai-je, je me serais entraîné.

Le soleil avait fait une nouvelle percée, mais un fort vent du sud-ouest soufflait depuis l'Atlantique, fracassant les vagues tout en haut du socle de granite, et au large, des colonnes de pluie diagonales fondaient sur nous. Quelqu'un a dit du sexe : « Quand c'est bien, c'est merveilleux, et quand ce n'est pas bien, ça reste vraiment pas mal. » Le Old Man de Hoy s'annonçait du même acabit : quand c'est difficile, c'est sans espoir, et quand c'est facile, ça reste sacrément dur.

Notre plan était de suivre la voie originelle, la plus rapide, par la face est. La première ascension avait été réalisée en 1966 par une solide équipe de trois hommes : Rusty Baillie, Tom Patey et Chris Bonington. Mais même eux avaient gravi le crux – la deuxième longueur, un long devers – en artificielle, avec des pitons, des étriers, une traversée en tension. Depuis lors, les règles du jeu ont changé et toute la voie, dévers compris, est aujourd'hui en libre. La cotation technique est 5a, *Hard Very Severe*. « Exactement ton style », m'avait garanti Mo, ce qui signifiait que c'était surtout une question de force pure, pas de technique. Et peut-être aurait-ce été mon style dix ans plus tôt, quand j'avais quarante-cinq ans et que j'étais encore relativement en forme. Là, j'étais plus circonspect. Je venais de rentrer d'un mois en Italie où, sur la base de ce que m'avait dit Mo, je n'avais grimpé que deux jours et j'avais passé le reste du temps à pratiquer ce que Mo appelle la « gym égyptienne » – autrement dit, j'étais resté allongé au soleil les yeux fermés.

Paul et Mo avaient tous deux déjà escaladé le Old Man : Paul une fois, dix ans plus tôt, Mo plusieurs fois en tant que caméraman grimpeur pour un des shows de la BBC. Ils savaient donc de quoi il retournait – une ascension longue et ardue, une descente difficile, et trois vieux types qui n'auraient sans doute pas dû s'y risquer – et ils avaient établi leurs plans en conséquence. Paul, qui est un grimpeur d'une force exceptionnelle, serait en tête sur tout le parcours. Mo viendrait en deuxième et récupérerait les équipements utilisés par Paul à l'exception de ce qui pouvait servir au reste de la cordée. Puis les trois vieilles gloires suivraient, en ordre décroissant de décrépitude : moi, George et Dick. Peter fermerait la marche et achèverait de déséquiper la voie. Sur la deuxième longueur, la plus difficile, Paul grimperait avec une corde de sécurité derrière lui, que Mo attacherait au premier relais, de sorte que quand Paul descendrait en rappel sur le retour, il disposerait d'une corde pour effectuer la traversée. Le plan était que les grimpeurs de tête soient en train de redescendre et d'installer les rappels avant que Dick et Peter atteignent le sommet. Avec six personnes encordées ensemble, la vitesse était capitale, car au moment où nous eûmes enfilé nos chaussons d'escalades, trié le matériel et entamé la descente depuis le cap, il était déjà neuf heures moins le quart et le ferry devait venir nous rechercher à l'autre bout de l'île à cinq heures trente, ce qui signifiait qu'il fallait être en bas du Old Man avant quatre heures.

Depuis le haut du cap, nous descendîmes prudemment la pente abrupte, herbeuse et humide jusqu'au petit promontoire qui relie le Old Man au reste de Hoy. De là, si on s'allonge sur les rochers et qu'on regarde en l'air, seule la moitié la plus basse de l'éperon est visible, comme un gigantesque vase de terre cuite grossièrement façonné. La météo avait annoncé du soleil, des averses et de la grêle, avec des vents de sud-ouest de 25 à 30 nœuds et des bourrasques allant jusqu'à 40 nœuds. Depuis le pied de l'éperon, on avait l'impression que la météo avait sous-estimé la force du vent (c'était le cas), mais le reste paraissait crédible. La pluie était tombée par intermittence sur le trajet depuis Rackwick, puis elle avait refait des apparitions sporadiques, mais à présent un grand soleil brillait et la mer était passée du gris sale à un bleu intense et profond. Sur l'Atlantique, des rayons de lumière balayaient l'eau tels des projecteurs ; plus au large, les colonnes de pluie diagonales étaient toujours là. Mais au moins notre voie, sur la face est orientée vers la terre, serait épargnée par le vent.

Paul inspecta le matériel accroché à sa taille, puis il enfila un casque de sécurité blanc et nervuré qui n'avait pas l'air très solide, avec une élégante petite visière.

– Qu'est-ce que c'est que ça ? demandai-je.

– Un pot de chambre français. Je ne le porte que pour embêter Mo.

La première longueur était un pilier de vingt-cinq mètres collé à l'angle sud-est du Old Man. Le passage était raide et facile, même si l'étrange texture du grès paraissait glissante et légèrement instable sous les doigts, comme si elle avait été garnie de ces vermicelles en sucre colorés qu'on utilise pour décorer les gâteaux d'enfants. La vire en haut du pilier, où Mo et Paul patientaient, était large et confortable, mais exposée à la pleine force du vent de sud-ouest. Dès que je fus assuré, Paul se lança dans le passage difficile, Mo lui donnant du mou et surveillant régulièrement sa progression au coin de la face est. Pendant ce temps, je fis monter George, il fit monter Dick, et Dick fit monter Peter, de sorte que la vire se retrouva bondée comme un bus en heure de pointe et bardée de matériel et de cordes multicolores. À ce moment-là, Mo avait déjà parcouru la moitié de la longueur suivante.

La seule description de la voie que j'avais lue provenait de Chris Bonington, qui, tout bon alpiniste qu'il soit, n'est pas connu pour sa mémoire infaillible. Voici ce qu'il avait écrit sur le passage difficile : « Une traversée vers le bas avec du gaz conduit dans une petite niche coiffée d'un surplomb rectangulaire ; un verrou de main périlleux permet au grimpeur de se hisser jusqu'à une autre petite vire, où il est de nouveau en équilibre. »

« Il y a un passage difficile », m'avait annoncé Mo au téléphone avant mon départ. Plus tard, sur le relais, il s'était repris : « Dix mètres difficiles. » En lui donnant du mou, je le regardai descendre trois mètres, puis effectuer une traversée prudente jusqu'à une niche sous un surplomb, qu'il franchit tout en douceur, presque sans s'interrompre. Il cria : « Il y a une bonne prise en opposition sur le bord de l'autre côté ! » Puis il disparut de ma vue.

La corde se déroula sans heurt, puis elle s'arrêta pendant un laps de temps qui nous parut long. Cette partie n'est pas censée être difficile, pensai-je ; il devait avoir du mal à retirer les équipements de Paul. Depuis un point loin au-dessus, où Paul était assuré au deuxième relais, une boucle de corde pendait au-dessus du surplomb, à quelques dizaines de centimètres de la paroi. De temps à autre, le vent s'engouffrait et la poussait presque à l'horizontale. Le soleil apparaissait par intermittences. Quand il brillait, l'ombre allongée du Old Man noircissait l'eau, pointant vers un cap lointain, et les rouleaux, grondant sur la plage, projetaient des arcs-en-ciel dans les airs.

La corde se remit en mouvement dans mes mains, mais très lentement. Une nouvelle pause, puis le mou entre Mo et moi se raidit. Avec le vent et le grondement des vagues, il n'y avait aucun moyen de communiquer l'un avec l'autre, mais le photographe, Chris Mikami, allongé sur les rochers en contrebas, baissa son appareil et agita les bras pour me faire signe que c'était à mon tour de bouger. Le jeune Peter Evans, blotti contre le vent à l'extrémité de la grande vire, farfouilla dans son anorak pour en tirer une cuisse de poulet enveloppée dans du papier alu. Il l'agita d'un air triomphal et cria : « Un pique-nique ! C'est ça, la vie ! »

Je quittai la vire confortable et contournai l'angle du pilier, à l'abri du vent. Alors que la première longueur ne faisait que vingt-cinq mètres, le promontoire sous la face est chutait abruptement, et l'exposition fut soudain considérable : soixante mètres, voire plus, droit sur les rochers balayés par les flots. Je regardai une fois en bas, puis je me concentrai sur le rocher sous mon nez. Avec la plus grande prudence, je descendis trois mètres jusqu'à une ligne de petites prises de pied qui menaient jusqu'à la niche. Les prises étaient très espacées et il n'y avait qu'une prise de main évidente, une petite fente verticale à hauteur d'épaule. Je glissai les doigts de ma main droite dedans, tirai, plaçai ma main gauche vers l'extérieur à côté de la droite, et me tins dans un équilibre précaire. Je voyais une prise de pied assez loin sur ma droite, mais pas de prise pour ma main droite. Juste au-dessus de ma tête, il y avait une petite vire inclinée vers l'extérieur, couverte de vermicelles en sucre, mais quand j'essayai de me hisser dessus, les doigts de ma main droite glissèrent immédiatement. Je passai un coup de brosse, réessayai, plaçai mes doigts gauches à côté des droits, et franchis l'obstacle tant bien que mal. Doux Jésus. Comme personne n'avait évoqué la traversée et que Mo l'avait surmontée sans même prendre la peine de retirer la cigarette de sa bouche, je croyais que c'était moi qui grimpais mal. (Paul, qui est aussi petit que moi, déclara plus tard que cette traversée avait été pour lui la partie la plus difficile.)

Je me trouvais dans une niche coiffée d'un surplomb – exactement comme l'avait décrite Bonington. Sur la paroi à droite, il y avait une fente. Quand je tendis la main pour l'atteindre, mes doigts s'enfoncèrent assez profond ; la prise était bonne. Je tirai, remontai rapidement mes pieds sur deux vires plongées dans l'ombre, coinçai ma main gauche dans une fissure au-dessus du surplomb, trouvai la prise en opposition dont parlait Mo sur le rebord au-dessus de moi, et me retrouvai de l'autre côté du surplomb, debout en équilibre au pied d'un dièdre abrupt avec une fissure au fond. S'il n'y a que ça, pensai-je, je suis au bout de mes peines.

Juste sous mon nez, l'anorak rouge et bleu de Mo et la veste en jean de Paul étaient suspendus à un piton dans la fissure. C'était étrange qu'ils aient pris la peine de les enlever *après* le crux. Je levai les yeux. Environ quatre mètres plus haut, les parois du dièdre où je me tenais se rétrécissaient pour former une cheminée lisse, en forme de cercueil, sans fond et coiffée d'un toit rocheux qui faisait saillie à l'horizontale sur un mètre environ. La corde entre Mo et moi descendait à travers une fissure à gauche de ce surplomb, bien à l'écart de la paroi. La description de Bonington était erronée : il y avait deux niches en surplomb et non pas une seule, et c'était la deuxième qui posait problème.

Je me faufilai en haut du dièdre jusqu'à ce que mon casque racle le toit. Puis je me retournai de manière à regarder vers l'extérieur, et me glissai entre les parois verticales pour étudier la situation. Ce qui était désormais la paroi gauche était lisse à l'exception d'un petit renfoncement juste en dessous du toit, qui pouvait faire office de prise pour les doigts de pied. Il n'y avait aucune prise sur l'autre paroi, mais deux sangles pendaient de la fissure au-dessus. L'une était enfilée dans un antique coin de bois qui datait probablement de la première ascension, dix-neuf ans plus tôt ; l'autre avait été installée par Paul. Je me reposai de nouveau, admirant la vue. Le jeune d'Occidental Oil était debout sur le cap, courbé en deux face au vent. Plus bas, sur le promontoire, le photographe était toujours allongé sur un rocher et regardait dans son objectif. À ma gauche, les vagues se brisaient sur la rive, écumant sur l'eau verte.

Je gigotai pour me retrouver de nouveau face au rocher. La bonne façon de gravir le surplomb était d'enfoncer mon poing gauche dans la fissure d'où pendaient les sangles et de l'utiliser pour me hisser par-dessus le rebord. Mais lorsque j'essayai, ma main ne trouva aucune adhérence et mon poing glissa. Estimant que c'était plus une affaire de vitesse que de style, j'attrapai les deux sangles à la fois et tirai, essayant de faire tenir mon orteil droit sur le renfoncement dans l'ombre en haut de la paroi. Sur la gauche du surplomb, au niveau des yeux, il y avait une prise de pied inclinée vers l'extérieur. La fissure au-dessus, avec le coin de bois enfoncé dedans, paraissait large et rassurante. Je me hissai et balançai mon pied gauche sur la prise supérieure. Mais, ce faisant, mon pied droit dérapa du petit renfoncement. Je vacillai sur les sangles et me retrouvai dans le dièdre. Je ne voyais simplement pas comment j'allais m'en sortir.

Je savais ce qu'il fallait faire : tirer fort sur mes bras, écarter les jambes au maximum, effectuer un mouvement dynamique vers le haut, puis reprendre mon équilibre. Exactement mon style, comme l'avait dit Mo, en souvenir du bon vieux temps. J'aurais dû m'entraîner pour ça, pensai-je. C'était une escalade sérieuse et je ne l'avais pas prise au sérieux. Mais à cinquante ans passés, l'entraînement n'est pas non plus un élément qu'on peut prendre au sérieux. Puis je pris conscience que la corde qui descendait vers moi était aussi solide que le rocher lui-même. Avec Mo au-dessus de moi, je ne pouvais aller que vers le haut.

Avant notre départ, j'avais pris la précaution d'accrocher à mon baudrier une « queue de vache », une boucle de corde en nylon avec un crochet fifi à l'extrémité. Un crochet fifi fait à peu près la taille d'un doigt recourbé et, quand on le glisse dans un piton ou une sangle, il supporte votre poids et vous permet de vous reposer. C'est un outil qu'utilisent les grimpeurs du continent sur les voies en artificielle, où l'on grimpe de piton en piton, et il est désapprouvé par les puristes britanniques de l'escalade en libre. Mais là où j'étais, coincé sous un surplomb d'un mètre sans prise, l'éthique du grimpeur était le cadet de mes soucis. Je me faufilai jusqu'à avoir les épaules contre le toit pour pouvoir glisser le crochet fifi dans une des sangles qui pendaient devant mon nez. Je fis une nouvelle pause, affalé comme un sac de charbon, jusqu'à sentir à nouveau mes doigts. Puis, l'essentiel de mon poids supporté par la sangle, je plaquai mon pied droit sur le petit renfoncement, attrapai l'autre sangle et, pivotant sur la queue de vache, me hissai par-dessus le rebord du surplomb, balançai mon autre pied sur la prise gauche en hauteur, et plaçai ma main gauche confortablement autour du coin de bois dans la fissure au-dessus. Pour la première fois depuis ce qui me semblait être des heures – ça devait faire dix minutes – je me tenais de nouveau en équilibre, penché contre le rocher et haletant comme un vieux chien. Lorsque je regardai en bas, je ne distinguai que l'eau s'agitant autour de la base de la tour tout en bas. Au-dessus de moi, la fissure montait tout droit, en léger dévers, sur une quinzaine de mètres. Au sommet, un Mo tout sourire tendait le cou vers moi. Il agita la main.

– Attention à la corde ! criai-je.

La fissure était trop large pour des verrous de main confortables et les deux parois présentaient un léger renflement. Mais elles avaient au moins le mérite d'être jalonnées par plusieurs vires inclinées. J'avais les bras épuisés par le combat avec le surplomb, j'avais mal aux épaules et les doigts comme des bananes trop mûres. Je n'avais d'autre choix que d'utiliser mes pieds, et le peu de technique que je pouvais mobiliser. Je mis mes pieds en opposition tant bien que mal vers le haut du dièdre, essayant de ne rien faire qui me tordrait les doigts, tandis que Mo, qu'il en soit éternellement remercié, tenait la corde aussi tendue qu'une corde de violoncelle.

Quand je finis par me hisser sur la vire où ils étaient assurés avec Paul, il avisa mon visage livide, décocha un sourire diabolique et lança :

– Je savais que tu allais adorer.

– Tu avais dit un passage.

– J'ai dit dix mètres.

– Je me suis conditionné mentalement pour le mauvais passage.

– Voilà ce qui arrive quand on lit Bonington. À ton âge, tu devrais le savoir.

Paul était de nouveau en mouvement, grimpant sur les rochers ronds à l'aspect boueux au-dessus de nous. La corde défilait rapidement et le dièdre semblait plus facile, mais ça ne voulait pas forcément dire grand-chose. Paul est petit et mince, et il a des airs de pirate intellectuel, un visage sombre et barbu sous un front haut et étroit, des yeux intelligents, une boucle d'oreille dorée. Lui et Mo avaient autrefois établi une sorte de record en passant trois jours sur la face nord de l'aiguille du Midi en plein hiver, pas parce que les conditions étaient mauvaises, mais parce qu'ils avaient commencé avec une abominable gueule de bois et qu'ils faisaient la grasse matinée à chaque bivouac. Alors que Paul paraît suffisamment maigre pour être emporté au moindre coup de vent, il grimpe sans effort apparent – aisément, précisément, sereinement. C'était comme un lévrier au bout d'une longue laisse, contenu par Mo – plus prudent et dont la force est plus visible.

Tandis que Paul se frayait délicatement un chemin sur la longueur suivante, je tirai la corde entre moi et le prochain vieillard, George Band. Sur le promontoire en contrebas, le photographe agita les bras dans tous les sens pour faire signe à George que c'était son tour, avant de retourner à son objectif. « C'est une longue course, avait dit Mo. Une longue journée. Il ne faut pas traîner. » Mais, installé sur la vire confortable, ayant fait le plus dur et sans autre tâche que de tendre la corde pour George, je parvins enfin à me relaxer. La journée s'obscurcissait, une averse crépitait. Je rabattis la capuche de mon anorak et me courbai pour allumer ma pipe. Quand j'y parvins, l'averse était passée. La baie en contrebas était pleine de tas d'algues pâles et informes, comme de la cervelle, qui s'agitaient dans tous les sens, se fondaient dans l'écume des vagues, puis réapparaissaient. Le grondement des vagues et le hurlement du vent nous isolaient chacun dans son monde. Mo, assis à côté de moi, dut crier pour demander du feu. Quand je me retournai vers lui, il était à mi-chemin de la longueur suivante, grimpant vers Paul.

Les grimpeurs ont envers leur sport une curieuse attitude orientale : sauf dans des circonstances extrêmes, ils se soucient moins de perdre la vie que de perdre la face. Ils ne pensent pas à la chute en termes de membres cassés ; une chute est une occasion de se ridiculiser devant ses pairs, et une jambe ou un bras cassé est un signe manifeste de disgrâce intérieure et spirituelle. Quand les grimpeurs s'observent en action, ils prennent un malin plaisir à voir souffrir les autres. Ainsi, alors que j'aurais dû m'inquiéter de l'heure qui tournait, je fus secrètement soulagé de voir la corde entre moi et George, qui est mon exact contemporain, arriver centimètre par centimètre avec de longues pauses. Je la faisais jouer entre mes mains de temps à autre, le temps de reposer mes doigts meurtris, mais seulement lorsque j'étais sûr qu'elle était aussi tendue que lorsque Mo la tenait pour moi. C'était là aussi un accord tacite entre nous. Comme nous étions trois vieux grimpant avec plus forts que nous, il était important de nous entraider discrètement pour garder la face ensemble.

Avant le départ, Paul avait dit : « En haut de la longueur difficile, il y a la meilleure assurance du monde : une grosse lunule avec cinq millions de sangles autour. » Mo avait dit : « Quand on aura fini, ça fera cinq millions une ». De fait, la lunule était une merveille de géologie-alpinisme en miniature : une petite colonne de dix centimètres de diamètre reliant le haut et le bas d'une cavité rocheuse. Il y avait autour des attaches de tous âges et de toutes couleurs : des sangles en nylon, de vieux bouts de corde à simple, des boucles de cordelette en perlon d'épaisseur variable. Certaines étaient là depuis si longtemps qu'elles étaient devenues grises et pelucheuses, délavées par les éléments. Chaque cordée devait avoir contribué au minimum à un nouvel anneau de sangle pour descendre en rappel. Je commençai à les compter distraitement, mais je n'en étais qu'à vingt lorsque le casque blanc de George apparut au bord du surplomb en contrebas et que son visage éreinté me lança un regard maussade. Il semblait consterné par ce qu'il voyait. Son visage disparut, mais un bras, telle une corne d'escargot, cherchait à l'aveugle le coin de bois dans la fissure. Je me penchai sur la corde pour supporter son poids. Une nouvelle pause, puis la corde commença à remonter, centimètre par centimètre. Lorsqu'il finit par se hisser péniblement sur la vire où j'étais assuré, il souriait comme un gamin. Tout ce qu'il dit fut : « Mince alors ! »

Les deux longueurs d'après suivaient un passage assez facile dans le rocher à la texture terreuse mais à la pente plus douce qui forme la taille du Old Man. À l'instant où j'arrivai à hauteur de Mo, au troisième relais, Paul repartait déjà vers un relais au pied de la longueur finale, plus raide. Mo l'avait rejoint là-bas, et Paul avait grimpé jusqu'au sommet avant de redescendre jusqu'à Mo, tandis que j'attendais encore que Sykes rejoigne Band en haut du passage ardu. Alors que Sykes était le plus en forme des trois vieux, c'était lui qui prenait le plus de temps à franchir le grand surplomb – peut-être parce que, intraitable sur l'étiquette de la grimpe, il rechignait à tirer sur les sangles encore en place. Ni George ni moi n'avions eu de tels scrupules, sachant surtout que personne ne pouvait voir ce qui se passait sous le surplomb.

Une nouvelle averse passa. Je regardai le photographe traîner son lourd sac de matériel vers le cap sur la pente herbeuse. Arrivé en haut, il s'effondra face contre terre dans la bruyère, où Alex Blake-Milton l'attendait patiemment.

Le soleil refit une percée, mais il avait disparu lorsque George me rejoignit au troisième relais. Le ciel s'obscurcissait à vue d'œil à mesure que je grimpais vers la dernière longueur. C'était une entaille bien nette en haut d'un dièdre, pile à la verticale, qui menait droit au sommet, et, comme tout le reste au Old Man de Hoy, elle était intimidante. Mais Mo l'escalada aussi vite que s'il montait un escalier en courant. Il ne s'arrêta qu'une fois et enjamba le dièdre d'un grand pas pour me lancer : « Tu vas adorer ! » Mais le ciel avait encore noirci et la grêle nous fouettait comme un pistolet à air comprimé. Du côté du cap livré aux éléments, les deux pauvres spectateurs étaient blottis l'un contre l'autre, dos à nous et à la tempête.

La corde à ma taille se raidit. Je jetai un œil en haut, vis Mo agiter la main, puis penchai la tête tandis que la grêle tambourinait sur mon casque. Malgré tout, la longueur était magnifique : des prises de main bien marquées dans la fissure et, de chaque côté, de petites vires pour caler ses pieds. Trois mètres plus haut, je fus soudain poussé vers l'extérieur par le vent. Dans ses trois quarts supérieurs, la fissure s'enfonçait en plein cœur de l'édifice, comme si un géant avait essayé de fendre le Old Man à la hache. En approchant mon œil de la fissure, je pus voir les épais voiles de grêle s'agiter au-dessus de l'Atlantique.

Mo était courbé sur une vire à quelques mètres du sommet. Avec son casque rouge, son anorak rouge et sa capuche bleue, il avait l'air d'un nain de jardin déprimé.

Je lui demandai :

– Et le sommet, alors ?

– Déjà fait, répondit-il. À toi l'honneur.

Je gravis le sommet tant bien que mal et reposai mon dos un instant sur l'herbe drue. Le vent hurlait autour de moi, et lorsque j'essayai de regarder vers la mer, je reçus une volée de grêle. Quand je fus de retour sur la vire, Mo avait déjà fixé la corde pour la descente en rappel.

– On se fait toute une année de météo en un seul jour, dis-je. Tout sauf la neige et le brouillard.

– Ce n'est pas encore fini.

– Laisse-moi deviner… On n'a fait que la moitié du chemin.

– Sur cette garce, même pas la moitié.

Mo s'attacha à la corde de rappel et bascula vers le bas. Au moment où il atteignit la plate-forme en dessous de lui, Paul partait pour le prochain rappel, comme s'ils faisaient une course de relais.

Pendant ce temps, George s'était hissé prudemment et avec force grognements jusqu'à la fissure finale. Il regarda sa montre en arrivant et annonça :

– Quatre heures moins quatre.

– Tu m'étonnes qu'ils soient pressés.

La grêle s'était un peu calmée mais le vent ne faiblissait pas.

– Ça rigole pas, là-haut, dis-je.

– Il faut y aller, répondit George. Pour la postérité.

Il franchit les derniers mètres jusqu'au sommet et tituba pendant une ou deux minutes tandis que les bourrasques essayaient de le renverser. Sur le cap, le pauvre photographe était toujours blotti contre le vent et nous tournait le dos. Tant pis pour la postérité. Mais quand George redescendit sur la vire, il affichait un sourire contre lequel j'aurais pu me réchauffer les mains.

– Je n'aurais jamais cru qu'on y arriverait, dit-il.

Alors que le rappel passe pour le geste le plus spectaculaire de l'alpinisme, c'est en fait le plus facile. Le grimpeur attache une double corde à une sangle de rappel, l'enfile dans une sorte de frein qu'on appelle un descendeur, attaché à son baudrier (en Grande-Bretagne, il est généralement en alliage et en forme de huit), puis il glisse le long de la corde en utilisant sa main gauche pour se stabiliser sur la corde au-dessus et sa main droite pour donner du mou à la corde en dessous à travers le descendeur. Tout en glissant, il repousse le rocher avec ses pieds. Pour l'observateur extérieur, on dirait une araignée qui descend sur son fil, un geste audacieux et improbable. En pratique, même un débutant peut prendre le coup en quelques minutes, une fois qu'il a surmonté sa peur du vide et appris à faire confiance à son matériel.

Les trois premiers rappels depuis le sommet du Old Man étaient faciles. Le seul problème était le long passage ardu. Non seulement il affichait un fort dévers – de sorte qu'en descendant on se trouvait très loin du rocher – mais il impliquait également une traversée : quand nous étions face au rocher, le relais que nous visions était à au moins six mètres sur notre gauche. Paul avait résolu ce problème en grimpant la longueur avec une corde supplémentaire traînant derrière lui. Il l'avait attachée au deuxième relais et Mo était rapidement arrivé en bas de la longueur, laissant une corde fixe en diagonale entre le premier et le deuxième relais. Dans la descente, Paul utilisait cette corde pour se guider vers le bas et se tirer jusqu'au prochain relais. Mo détachait la corde avant de suivre, et Paul le tirait, ainsi que le reste d'entre nous, avec le bout de la corde de rappel.

Mo se préparait à quitter le relais au-dessus du passage difficile quand j'arrivai. Notre nouvel anneau de sangle avait été ajouté aux douzaines déjà en place autour de la lunule géante, et Mo en testait la résistance par acquit de conscience.

– Quoi que tu fasses, essaie de ne pas trop rebondir, dit-il.

Puis il disparut en bas. Quelques minutes plus tard, je sentis du mou dans la corde de rappel : il était arrivé au relais du dessous.

Je me clippai à la corde et commençai à descendre, mes pieds seulement en contact avec les parois du dièdre au-dessus du surplomb. Je remarquai que je n'étais pas tout à fait aussi droit que j'aurais dû l'être, et m'arrêtai un moment au bord du surplomb pour essayer de trouver un meilleur équilibre. Puis je glissai dans le vide et dégringolai vers le bas, suspendu en l'air. Mais mes pieds dévissèrent jusqu'à ce que je me retrouve presque à l'horizontale, et je me mis à pivoter lentement, tournant le dos au rocher, les chaussons pointés vers la terre. J'essayai de me redresser avec ma main gauche, mais il fallait pour cela que je relâche une partie de la corde du dessous avec le descendeur ; or cette partie de la corde était maintenue sous tension par Paul, qui essayait de me tirer jusqu'au relais. Je continuai à tournoyer dans le vent, tel un poulet de rôtisserie, tandis que mes pieds commençaient à basculer – très lentement, très doucement – au-dessus de ma tête.

« Essaie de ne pas trop rebondir », avait dit Mo. Mais il n'avait pas parlé de basculement. Pendant une longue minute, je crus que j'allais être éjecté tête la première de mon baudrier.

L'amour parfait chasse la peur, dit-on. Et la peur parfaite chasse l'épuisement. Je rassemblai toutes les forces qui restaient dans mon bras gauche pour tirer jusqu'à ce que ma tête soit juste au-dessus de l'axe de mes pieds. Du coin de l'œil, je vis Paul, sur le relais, me dévisager d'un air ébahi. Il cria derrière son épaule à Mo :

– Viens parler à Al ! Il est à l'horizontale !

Depuis le confort de la grosse vire, la voix de Mo dériva jusqu'à moi :

– Tout ça pour avoir les doigts de pied en éventail !

Ensemble, ils tirèrent sur la corde et me hissèrent, les pieds en avant, autour du dièdre jusqu'à la vire.

Je m'étendis sur le dos, soufflant comme un phoque, enfin convaincu que j'étais trop vieux pour de longues voies pareilles. Ma main gauche était tellement engourdie par l'effort que je pouvais à peine tenir ma pipe pour l'allumer.

Mo me regardait d'un air solennel.

– L'auberge de jeunesse donne des cours de rappel, dit-il. Si tu le réussis, ils te donnent un joli badge.

Quand je finis enfin par me remettre sur pieds, je compris mon erreur. Au début de la course, j'avais attaché mon baudrier par-dessus mon anorak et ma veste North Cape, pour rester au chaud pendant la longue attente sur le premier relais offert aux vents. À mesure que je grimpais, j'avais ouvert mon anorak et ma veste, puis je les avais retirés, mais j'avais oublié de resserrer la ceinture du baudrier. Pendant le rappel, le baudrier avait glissé de ma taille jusqu'en haut de mes cuisses, faisant basculer mon centre de gravité.

– Il faut toujours un clown dans une fête, dis-je. Mais pourquoi faut-il que ce soit moi ?

Mo :

– Ce qui m'embêtait, c'était d'aller voir ta femme avec ton slip et tes chaussettes roses et de lui dire : « Al n'est plus des nôtres. »

Je remontai mon baudrier et le resserrai, puis descendis la première longueur facile, tandis que les deux autres attendaient sur le relais pour aider George sur le rappel difficile. Sur le promontoire, je m'arrêtai pour observer la voie. Je levai les yeux. Plus haut, plus haut, encore plus haut. Ma nuque craqua sous l'effort. J'étais trop épuisé pour ressentir le plaisir d'avoir dompté ce monstre. Peter Evans et Dick Sykes étaient encore en train de trier des cordes au pied de la dernière longueur. Nous en avions pour un moment. Je n'avais pas pris de montre, et le soleil avait depuis longtemps disparu derrière les nuages, mais il faisait trop sombre et la journée paraissait trop avancée pour que nous puissions rejoindre le ferry à cinq heures trente. Je ramassai un sac à dos plein de matériel de rechange et commençai à remonter péniblement la pente herbeuse escarpée et glissante vers le cap. Quand je crus être hors de vue de ceux qui étaient toujours sur le Old Man, je m'arrêtai pour me reposer, et continuai de faire des pauses régulières sur tout le chemin jusqu'en haut. Malheureusement, Mo me surprit en train de me traîner ainsi sur le cap. « Ta vitesse était à peine perceptible, dit-il plus tard. C'était comme observer un cadran solaire. »

Chris Mikami et Alex Blake-Milton attendaient sur le cap, transis de froids, détrempés et irritables. Ma première question fut :

– Quelle heure est-il ?

Il était cinq heures et quart et nous étions encore à une demi-heure de l'embarcadère. Le capitaine du ferry avait accepté de revenir à six heures trente si nous n'étions pas à l'heure, mais les autres n'avaient pas encore fini la course. (Je voyais Peter descendre en rappel la troisième voie tandis que Dick se préparait à faire un rappel par-dessus le gros surplomb.) Il n'y a pas d'hôtel à Hoy, ni même un pub, et nous n'avions pas pris de sacs de couchage. Le mieux que nous pouvions espérer était une nuit froide et sans dîner dans la grange de l'auberge de jeunesse.

– On ferait mieux de se mettre en route, dis-je.

– Et quid de ma photo de groupe avec le Old Man en fond ? demanda le photographe.

– Et quid d'une bière, d'un repas et d'un bon lit chaud ?

Ils se mirent en route à contrecœur tandis que j'étais assis dos au vent et mangeais un peu de mon pique-nique. Puis je les suivis d'un pas lourd dans la tourbière.

Le trajet me parut long. La pluie avait rendu le chemin encore plus boueux qu'avant et je n'arrêtais pas de tomber sur les fesses dans la tourbe. Même la descente jusqu'aux maisons en pierre de Rackwick sembla interminable. Une nouvelle averse passa. Puis le soleil du soir apparut et, avec lui, un arc-en-ciel net et parfait, un pied dans les collines à l'est, l'autre sur la plage de Rackwick Bay.

La camionnette attendait avec le moteur qui tournait et le chauffage en route. Avant même que je pose la question, Blake-Milton dit :

– Là, il est six heures et demie, mais ne t'en fais pas. J'ai appelé le garde-côte et le ferry vient nous chercher à sept heures et demie.

Je m'assis sur la marche arrière de la camionnette et mâchonnai les restes de mon pique-nique. Les autres – plus en forme que moi et tout aussi inquiets de manquer le bateau – arrivèrent au bout de vingt minutes. Puis nous fûmes à l'embarcadère à l'autre bout de l'île avec une demi-heure d'avance. Nous patientâmes avec la musique à fond dans la camionnette tandis que la lumière du soir s'estompait et que les vitres s'embuaient.

Mo alluma une cigarette avec la précédente et déclara avec satisfaction :

– On se croirait dans un bus à la sortie de l'usine.

À sept heures vingt-cinq, nous vidâmes la camionnette, la refermâmes et chargeâmes notre matériel jusqu'à l'embarcadère. Les dernières lueurs avaient presque disparu, le vent s'était levé et il s'était remis à pleuvoir. Le faisceau du phare de Graemsay balayait la baie ; au-delà, quelques lumières vacillaient sur l'île principale, à l'ouest de Stromness. Aucun signe du bateau. Nous fîmes les cent pas sur le quai et observâmes la pluie sous les capuches de nos anoraks. Blake-Milton regardait sa montre toutes les cinq secondes et marmonnait d'un air sombre dans sa barbe. Personne d'autre ne parlait. Puis, soudain, le ferry fut tout proche, une silhouette sombre sur les eaux sombres, un phare rouge et un phare vert avançant vers nous à bonne allure. Deux minutes après qu'il eut touché le quai, nous étions à bord avec tout notre matériel et le bateau repartait, tanguant dans la nouvelle averse qui prenait forme. Sur l'île de Flotta, au bout de Scapa Flow, le terminal pétrolier d'Occidental's North Sea, si bien intégré dans le paysage qu'il est presque invisible de jour, étincelait comme une ville la nuit. Dans la cabine du ferry, sous les ponts, les trois vieux étaient avachis sur des bancs, trop épuisés pour parler, tandis que Mo et Paul faisaient des tractions à un bras sur les poutres du toit en guise de célébration.

Alors que nous remontions jusqu'à la jetée à Stromness, Mo me demanda :

– Alors, comment va ta bête ?

– Elle a trop mangé, répondis-je. Je crois qu'elle vient de mourir.

11. *L'Everest*

Il y avait seize grimpeurs dans l'expédition britannique de 1986 sur l'arête nord-est de l'Everest, baptisée « British North-East Ridge of Everest Expedition », un nom « à coucher dehors », dixit Mo. Le premier de cordée était « Brummie » Stokes, qui avait gravi le sommet de l'Everest en 1976 et perdu tous ses orteils à cause de gelures dans la descente. Stokes avait été sergent-major dans le Special Air Service et dix des membres de son équipe de 1986 étaient aussi passés par l'armée, au SAS ou aux Royal Marines. Les cinq civils étaient Mo, Joe Brown, Bill Barker, Clive Rowlands et Paul Nunn. Les quinze avaient été sélectionnés sur le principe que Mo avait toujours appliqué à ses propres expéditions : « Il fallait que ça colle avec eux avant même qu'on leur propose. » À eux tous, ils avaient un bon paquet d'expérience cumulée et – pour l'Everest – un nombre inhabituel d'années passées à l'acquérir. Joe a célébré son cinquante-sixième anniversaire sur la montagne et Mo son quarante-septième à Pékin, en chemin : « Une sale affaire. J'étais là avec ma bouteille de bière à chanter "Joyeux anniversaire, moi". Tous les autres étaient allés se coucher. »

L'expédition quitta l'Angleterre le 31 juillet 1986 et atteignit l'Everest, *via* Pékin et Lhassa, le 8 août. À ce moment-là, ils avaient déjà vécu un des meilleurs épisodes du voyage, et il avait eu lieu à Liverpool, pas sur l'Everest. Environ six mois avant leur départ, ils se retrouvèrent à la maison de famille de Paul Moores, chef adjoint de l'expédition, pour préparer le matériel destiné à être expédié en Chine à l'avance. Le soir, une fois les préparatifs terminés, ils sortirent boire une bière au bar du coin, puis ils rentrèrent tranquillement à la maison en groupes de deux ou trois, un ancien des Royal Marines du nom de Sam Roberts en tête, Mo et Bill juste derrière lui. Lorsque Roberts ouvrit la porte d'entrée, une silhouette sombre surgit devant lui. Roberts cria : « Au voleur ! Arrêtez-le ! » Mo, qui avait été un solide joueur de rugby avant de découvrir l'escalade, exécuta un plaquage aérien, étala l'homme au sol et lui immobilisa les bras derrière le dos. Alors que le reste de l'expédition émergeait du brouillard – douze bonshommes massifs, la plupart entraînés au combat à mains nues –, Mo lui murmura à l'oreille : « C'est pas ton jour de chance. » Le voleur, qui allait purger treize mois de prison pour cambriolage avec effraction, fut soulagé de voir la police débarquer.

Pour nos standards modernes, une équipe aussi large présente des inconvénients que Mo n'avait jamais rencontrés auparavant. « Ça peut devenir assez impersonnel. Tu réalises que tu traverses de longues périodes sans voir les trois quarts des membres de l'expédition. Au début, par exemple, Joe, Bill Barker, Paddy Freeny et moi, on a passé deux semaines sans voir personne. En fait, c'était très sympa, parce qu'on allait là où personne n'était jamais allé, et tout était nouveau. Mais après avoir installé le camp de base avancé, on était près du futur emplacement du camp 1, et il était temps de descendre se reposer un peu. Sur le retour au camp de base, on a croisé Paul Moores et Sam Roberts qui montaient. On a passé une soirée avec eux au camp intermédiaire, et puis voilà. Ensuite, ils sont allés installer les camps 1 et 2, et quand on est remontés vers le camp avancé, ils étaient déjà en train de redescendre. Et ainsi de suite. Donc tu as des gars avec lesquels ça aurait été sympa de traîner un peu, mais ta seule occasion de le faire, c'est pendant les longues périodes de mauvais temps, quand tout le monde rentre au camp de base. C'est là que tu te dis : Ah oui, lui aussi est dans le coup, c'est vrai. Pour moi, l'expédition perd quelque chose avec cette configuration. »

Le deuxième inconvénient dérivait du refus des Chinois de fournir des porteurs. Mo encore : « Pour déposer une bouteille d'oxygène au camp d'en haut, une vingtaine de chargements doivent partir du camp de base. Il faut des cordes fixes pour les passages abrupts, des tentes pour les camps intermédiaires, de la nourriture et du fioul, d'autres bouteilles d'oxygène pour monter jusqu'au camp, et ainsi de suite. Faire parvenir une seule personne au sommet nécessite une sacrée logistique. Ensuite, quand tu as défini le nombre de chargements que chaque membre de l'équipe va devoir trimballer, tu découvres que 50 % des gens, mettons, ne sont pas en état de porter, et ta charge augmente encore. C'est un travail de mammouth. Je me suis bien marré quand j'ai lu que les Chinois avaient utilisé trois ou quatre cents porteurs pour leur première ascension en 1960, mais maintenant je comprends pourquoi. Se coltiner toutes ces charges, ce n'est pas seulement fastidieux à l'extrême, ça t'épuise aussi sans que tu aies gagné en altitude. À part priver les sherpas de boulot, tout ce que tu fais, c'est te fatiguer. Et ça peut signer l'échec de l'expédition, parce que si tout le monde est lessivé après avoir tout porté, tu finis sans personne qui soit assez en forme pour tenir la route et viser le sommet. »

En l'occurrence, l'expédition de 1986 sur l'arête nord-est ne parvint pas au sommet de l'Everest, mais ce n'était pas en raison d'un manque de porteurs. Le camp 2 avait été établi à 7 300 mètres environ, et les grimpeurs de tête étaient 500 mètres plus haut quand le mauvais temps fit son apparition. « De la neige et des vents violents, raconte Mo. Pas juste des bourrasques, mais un vent régulier, qui soufflait en permanence. » Ils attendirent une semaine au camp avancé que la tempête s'essouffle, puis ils redescendirent au camp de base et attendirent encore quinze jours. Mais le vent ne retombait toujours pas. Enfin, après avoir trépigné pendant trois semaines, ils reprirent leur ascension et deux grimpeurs, Trevor Pilling et Harry Taylor, profitèrent d'une légère accalmie pour crapahuter jusqu'au pied des fameux piliers. Puis le vent reprit et ils durent battre en retraite. La dernière image qu'eut Mo de l'Everest fut depuis un camion repartant à Lhassa : « J'ai regardé en arrière et j'ai vu comme de la fumée qui sortait d'une cheminée au sommet. C'était un panache de cinq kilomètres de poudreuse soufflée en haut de la montagne. Quand on est arrivés en août, je croyais qu'on pourrait voir toutes les bandes rocheuses du côté nord. Au lieu de quoi, l'Everest était comme un gâteau de Noël, complètement blanc. Quand on est partis, en octobre, il était noir de nouveau. On pourrait croire qu'il prend son revêtement en hiver, mais c'est le contraire. L'essentiel de la neige tombe pendant la mousson et elle est balayée en hiver. »

Ce qui s'est passé est très simple. En 1986, l'hiver himalayen était arrivé un mois plus tôt, et en hiver, le jet-stream, qui souffle en continu dans les couches supérieures de l'atmosphère, descend de 9 000 à 8 000 mètres. « C'est le jet-stream qui détermine quand et où tu peux grimper, explique Mo. Tu peux être en pleine tempête sur l'Everest pendant qu'un autre a une météo plutôt clémente sur un sommet voisin, juste un peu plus bas. Escalader l'Everest en hiver, quand le jet-stream est retombé, c'est autre chose que de l'escalader juste avant ou juste après la mousson. La météo est beaucoup, beaucoup plus rude, donc ton équipement doit être proportionnellement plus chaud – des bottes, des gants, une combinaison en duvet, des tentes, tout ça. Tout à coup, ça devient bien plus dur de survivre que dans des conditions normales sur l'Everest. Qui ne sont pas exactement réjouissantes, mais qui sont un jeu d'enfant comparées aux moments où il fait vraiment froid. Je veux dire, le simple fait de se tenir debout dans un vent pareil est une horreur. Pour escalader l'Everest en hiver, il faut attendre la bonne fenêtre de tir, quand le jet-stream se calme un peu. On a attendu une vingtaine de jours et la fenêtre ne s'est jamais ouverte. » Cette saison-là, tous les sommets de 8 000 mètres furent affectés par l'arrivée prématurée de l'hiver. Au K2, treize grimpeurs perdirent la vie.

Personne n'est mort sur l'arête nord de l'Everest, mais personne n'a eu l'air de trop s'amuser non plus, malgré le soin apporté à la composition de l'équipe. De fait, toute l'expédition détonnait tellement avec le style de Mo qu'il paraissait assez surprenant qu'il y soit allé.

« J'y suis allé parce que c'était l'Everest, dit-il. Si le sommet avait fait quelques centaines de mètres de moins, je serais resté à l'écart d'une grosse expédition comme ça, quelle que soit mon affection pour les types qui participaient. Mais j'ai toujours pensé que ce serait sympa d'être sur le toit du monde. Je ne crois pas qu'il existe un seul grimpeur qui n'en ait pas envie. La question est de savoir si le jeu en vaut la chandelle. On ne me proposera jamais de faire une de ces expéditions modernes où une demi-douzaine de jeunes cracks montent sans oxygène. Je suis trop vieux pour ça, pas assez affûté, pas assez bon. Alors quand Brummie m'a invité, je me suis dit que je n'aurais pas beaucoup d'autres occasions de viser le sommet et que, d'ici quelques années, je n'en aurais peut-être même plus envie. Il fallait le faire tant que je pouvais encore. Et de toutes les voies de l'Everest, l'arête nord-est était la plus attrayante parce qu'elle n'a jamais été escaladée et qu'elle donnait l'impression d'être bien dure. Si ça avait juste été la route commerciale du col sud, je ne crois pas que ça m'aurait intéressé.

« J'avais cette idée préconçue que l'Everest était une montagne sans intérêt, et ma première image ne m'a pas fait changer d'avis. On a passé un col en voiture, et là, au loin, il y avait cette rangée de pics dont un était légèrement plus haut que les autres. Tout le monde a sorti son appareil photo et a commencé à mitrailler. Moi, ça ne m'a pas fait vibrer du tout. Une fois que tu es là-haut, en revanche, ça change tout. L'Everest a une atmosphère spéciale, une atmosphère qu'on ne retrouve sur aucune montagne, et elle te prend petit à petit. Le truc est juste tellement énorme que tu sens que tu dois l'escalader. Tu vois ces immenses étendues de rocher et de glace et tu te dis : rien que ce petit flanc-là est plus gros que n'importe quelle montagne où je suis monté. Tu as du mal à te faire une idée des dimensions tant que tu ne prends pas le recul nécessaire pour situer les choses à leur place. Par exemple, tu es au camp de base à 5 000 mètres et tu regardes le col nord, qui est autour de 7 000, et tu réalises qu'il reste encore 1 800 mètres jusqu'au sommet. Mais en montagne, les perspectives sont trompeuses. Du coup, la distance entre le col et le sommet a l'air de faire un cinquième de la distance entre toi et le col, et ça te paraît impensable qu'elles soient identiques.

L'échelle est simplement trop large pour que tu puisses l'appréhender. C'est une présence massive, ce qu'il y a de plus grand au monde. Je crois que c'est pour ça que ça fascine les gens et que ça les fait revenir encore et encore. Mais je n'ai pas trouvé que c'était une montagne tendue. Le Gasherbrum, par exemple, c'était dangereux et palpitant, et j'y ai laissé une énorme quantité d'influx nerveux. L'Everest, c'était bien plus relax. C'est l'altitude qui te saisit, et la taille. Tu es déjà à bout de souffle à 7 300 mètres et là tu te dis, encore 1 500 à tirer ! Sur la voie de l'arête nord-est, tout le monde parle des Pinnacles : une fois que tu es là-haut, tu as réussi, qu'ils disent. Faux. Tu es encore à 500 mètres de dénivelé et 1 200 mètres de distance du sommet, et ça fait un sacré bout de chemin quand tu es au-delà de 8 500 mètres. Je veux dire, il n'y a qu'un ou deux endroits dans le monde qui soient aussi hauts. Donc, non, ce n'est pas du tout fini quand tu as passé les Pinnacles. Tu as encore une journée devant toi. »

À part la dimension des montagnes, demandai-je, l'escalade avait-elle été intéressante ?

« Certains bouts étaient pas mal. Mais en général, tu es tellement rincé que les parties intéressantes ne le sont qu'après coup. Sur le moment, ce sont surtout des emmerdes, parce que soudain il faut que tu aies toute ta tête ; tu ne peux pas te contenter de passer la surmultipliée et foncer au sommet ; tu dois te mettre à réfléchir, et réfléchir là-haut, ce n'est pas simple. Ce n'est qu'après, quand tu redescends et que tu regardes où tu as grimpé, que tu te dis : c'était une belle longueur. À cette altitude, quand tu es confronté à un défi technique, tu ne penses qu'à une chose, c'est de le mettre derrière toi. Plus la grimpe est facile, plus le chemin jusqu'au sommet le sera. En un sens, tu te bats contre toi-même. Tu choisis une voie parce qu'elle est intéressante et difficile, mais quand tu arrives aux passages intéressants, l'altitude te fait regretter qu'ils existent. Ça n'arrive pas sur des sommets plus bas où tu apprécies réellement la grimpe. Mais l'altitude te ralentit, physiquement et mentalement. La seule fois où c'est agréable, c'est quand tu t'arrêtes. Tu le sais, bien sûr, mais tu sais aussi que le seul moyen de dépasser ce truc, c'est de bouger. Donc c'est un combat permanent contre toi-même.

« Tu te dis : je fais encore cent pas. Puis tu te dis, non, j'en fais deux cents. J'ai toujours été bon pour compter. Quand j'ai grimpé dans les Alpes pour la première fois, j'ai compris que si je faisais une pause chaque fois que je m'apitoyais sur mon sort, ça ferait trop de pauses. Alors je me fixais des objectifs. Je me disais : OK, je fais cinq cents pas. Et je définissais un point dans la montagne où je pensais que cinq cents pas me porteraient. Je me trompais à chaque fois. Je faisais mes cinq cents et je découvrais que j'étais à mi-chemin. Alors je me disais : OK, je ne me repose pas avant cinq cents, je me repose quand j'arrive là-bas. Alors je faisais mille pas. Puis je me disais : maintenant je fais mille pas entre chaque pause. Naturellement, je trichais. Si je me dérobais sur un pas, je me demandais : est-ce que je le compte ou bien est-ce que je le sors du calcul ? Non, je ne peux pas faire ça, parce que tous les nombres pairs sont sur le pied gauche et que ça ficherait le système en l'air. Tous ces bêtes détails me traversaient l'esprit à mesure que je progressais. Sur l'Everest, je comptais sur une échelle gigantesque. Je connaissais le nombre de pas depuis le camp avancé jusqu'à l'autre bout du glacier ; je connaissais le nombre de pas jusqu'à la première corde fixe, et la deuxième, et la troisième. Je savais toujours exactement où j'étais. Je savais combien de pas j'avais fait et combien il m'en restait à faire. Avant, je faisais du calcul mental. Je calculais la fraction de la journée que j'avais passée, puis je convertissais en pourcentage. Je me disais : si je fais cinquante pas, ça fait 0,6 % du travail de la matinée. Alors je faisais ces cinquante pas et je pensais : il me reste 99,4 % à faire. Il fallait en permanence que je revoie mes calculs. S'il neigeait et que je devais emprunter un nouveau chemin, les pas étaient plus petits et plus nombreux. C'était une vraie galère, parce que dans ma tête le parcours s'était rallongé ! Compter est un moyen de tuer l'ennui ; ça maintient l'attention et ça permet de faire passer la journée. Mais je ne crois pas que les autres faisaient ça. Bill Barker disait qu'il pensait juste à des femmes.

« Quand je ne compte pas, je me chronomètre, comme pour la marche de retour de l'Ogre. Dans les deux cas, il s'agit de voir si je m'en sors bien. Et c'est très important quand tu es en altitude. Préparer une tasse de thé à 7 500 mètres peut te prendre deux heures : tu dois sortir de ton sac de couchage bien chaud, dans le noir, dans des conditions horribles, récupérer de la glace et la mettre dans la casserole à mains nues. C'est tellement d'effort que tu te dis : "Et merde, je laisse tomber." Et c'est facile de dire "et merde" pour les cent une petites choses que tu dois faire dans une expédition – des choses basiques, comme garder ton sac de couchage au sec. Mais si tu ne les fais pas, tu te laisses aller, aussi bien physiquement que mentalement. En Himalaya, la simple taille des montagnes est démoralisante. Si tu regardes le sommet et que tu vois que tu as encore 1 000, 1 500, 2 000 mètres à faire, ça peut te décourager. Il faut juste s'habituer à regarder la prochaine longueur de corde et veiller à grimper cette longueur correctement. Pour moi, compter et chronométrer aide à me concentrer sur ce que j'ai sous le nez. C'est un moyen de garder le moral. »

Je lui demandai combien de temps il pensait pouvoir continuer à partir en expédition. Il me répondit :

« Je vois arriver le moment où je dirai : j'en ai ma dose, je n'y arrive plus. Mais pas tout de suite. Il y a encore tout un tas de choses que j'ai envie de faire et elles n'impliquent pas forcément des voies difficiles sur de grands sommets. Ça pourrait être sympa de se balader dans l'Himalaya, d'aller dans des endroits où personne n'est allé et contempler les voies mythiques qui restent ; ensuite tu peux aller voir les jeunes et leur dire : "Voilà une liste qui vous épargnera beaucoup de boulot." Et il y a même des montagnes de 8 000 mètres, comme le Broad Peak, où je suis sûr que je pourrai grimper à soixante ans. En dehors des grandes chaînes, il y a plein d'endroits où j'ai envie d'aller : Foula, dans les Shetlands, que j'ai visitée il y a dix ans, les îles

Féroé, la jungle sud-américaine encore, et les îles du Pacifique… Je parie qu'il y a des hectares de rocher que personne n'a encore touché. Et puis il y a des trucs qui n'ont rien à voir avec l'escalade. J'aimerais bien retourner en Alaska et tenter ma chance sur une course de chiens de traîneau, comme l'Iditerod. Il y a aussi un record de tour du monde en voiture en solo qui doit être assez facile à battre. Toutes sortes de choses. Après tout, il y a différents stades de forme physique. Si tu veux escalader un sommet de 8 000 mètres en style alpin moderne, il faut être en pleine forme, mentalement et physiquement. Mais si tu veux faire une promenade gériatrique au Broad Peak, le degré de forme physique est nettement inférieur. Tout ce que je dis, c'est qu'en vieillissant, tu revois tes objectifs à la baisse. Il y a des gens qui disent : "Si je ne peux pas grimper les voies les plus dures, je ne grimpe plus rien du tout." Eh bien, il y a quinze ans je grimpais des choses semi-difficiles, mais aujourd'hui mes standards sont retombés et ça ne me dérange pas du tout. Au bout du compte, j'imagine que je ne pourrais plus faire que de bonnes balades pépères, mais je ne crois pas qu'il y ait de limite précise. Je n'imagine pas les choses comme ça, parce que je ne vois pas ce que je pourrais faire à part mourir d'ennui.

« La vérité, c'est que j'aime les climats qui ne pardonnent rien et où la moindre erreur se paie. C'est ça qui me fait vibrer. C'est la différence entre faire de la planche à voile sur le lac de Côme en été et sur la côte du Maine en hiver. L'un est un challenge, l'autre une sortie tranquille, le genre de plan pour passer un bon moment le week-end. Mais chaque année tu dois te purger et souffrir un peu. Ça fait un bien fou. Je crois que c'est parce qu'il y a toujours un point d'interrogation sur ta performance. Tu te fais une idée de toi-même et ça peut être un sacré choc quand tu ne réponds pas à tes propres attentes. Si tu te contentes de faire ton petit bonhomme de chemin, tu peux penser que tu es un sacré gaillard, jusqu'à ce que les choses aillent de travers et que tu découvres que tu n'es pas du tout ce que tu croyais. Mais si tu te mets délibérément dans des situations difficiles, tu as une assez bonne idée de ta trajectoire. C'est pour ça que j'aime nourrir la bête. C'est une sorte de bilan annuel sur moi-même. La bête, c'est toi, en réalité. C'est l'autre toi, et elle est nourrie par le toi que tu crois être. Et ce sont souvent des gens très différents. Mais quand ils se rapprochent l'un de l'autre, c'est génial, voilà. Là, la bête a bien mangé et tu sors de là avec la forme de ta vie. C'est assez rare, mais il faut continuer de nourrir le monstre, juste pour ta paix intérieure. Et même si tu as foiré, au moins il n'y a plus cette grande inconnue. Mais passer l'arme à gauche sans savoir qui tu es ni de quoi tu es capable, il n'y a rien de plus triste à mes yeux. »

Épilogue

Quelques mois après l'expédition à l'Everest, les Anthoine allèrent skier dans les Alpes avec deux amis, Dave et Lynn Potts. Le jour de Noël, Mo perdit connaissance sur une remontée mécanique et seules la présence d'esprit et la réactivité de Lynn l'empêchèrent de tomber et de se briser le cou. Quand il passa des examens, les médecins lui trouvèrent une tumeur au cerveau et le conduisirent d'urgence dans un hôpital anglais.

Je ne l'appris que quelques semaines plus tard, alors que je relisais les épreuves de ce livre pour l'édition britannique, en appelant Mo pour lui poser une question sur une des illustrations. C'est sa belle-mère qui me répondit et me raconta ce qui s'était passé. Il paraissait impensable que Mo l'indestructible, qui avait survécu à quatorze expéditions dans l'Himalaya et le Karakorum, où le taux de mortalité est de un sur sept, ait pu se laisser avoir par un cancer.

Une semaine plus tard, je le rappelai. Cette fois, ce fut Jackie qui répondit. On l'avait opéré le jeudi précédent, me dit-elle, et, selon les médecins, les signaux étaient bons. Elle le croyait aussi : dès lundi, Mo était remis sur pied, faisait des pompes et des flexions et draguait les infirmières. Il avait également fini les mots croisés du *Times*, notoirement complexes, en quarante-sept minutes. « Je lui ai dit que ce devait être un facile », me confia Jackie.

Trois jours plus tard, ayant une nouvelle question concernant une légende de photo, je le rappelai, cette fois depuis les bureaux de l'éditeur. Là encore, Jackie répondit.

– Demande à Mo, dit-elle. Il est à côté de moi.

La voix enjouée de Mo me parvint sur la ligne :

– L'idiot du village, j'écoute ?

J'éclatai de rire, surtout de soulagement.

– Vas-y, rigole, dit-il d'un ton sévère, je vais te faire voir du pays. Puis il ajouta : J'en ai encore des centaines comme ça.

– Raconte-moi ce qu'ont dit les médecins.

– Les trucs habituels. J'ai demandé au chirurgien ce qu'il avait fait avec le trou qu'il a laissé dans ma tête : rebouché au Polyfilla ? Il a répondu : « Non, il se remplit naturellement avec ce qu'on pourrait appeler de la bouillie. »

Il était désolé, mais il ne pouvait pas prendre le temps de bavarder ; ils devaient repartir dans les Alpes d'ici quarante-cinq minutes afin que Jackie puisse skier un peu. « Moi, je vais me dorer la pilule », dit-il sans grande conviction. De fait, au bout de deux jours il descendait des pistes noires avec elle. C'était dix jours après quatre heures d'opération majeure. Trois mois plus tard, il était de retour sur l'arête nord-est de l'Everest avec

Brummie Stokes et les autres. Je demandai à un de nos amis communs, Ian McNaught Davis, s'il pensait qu'une opération du cerveau et la haute altitude faisaient bon ménage. Mac haussa les épaules : « Mieux vaut mourir sur une montagne en faisant quelque chose qu'il adore que moisir dans un lit d'hôpital. »

Les conditions sur l'Everest en 1988 étant pires qu'en 1987, Mo ne parvint jamais au sommet. Avant la fin de l'année, la tumeur au cerveau était réapparue et il était de retour au bloc, treize mois après la première opération. L'hôpital, ironiquement nommé Hope, « Espoir », était à l'extérieur de Manchester, à Eccles, d'où viennent les biscuits du même nom. Mac y était passé la veille de ma visite et avait trouvé les lieux déserts – personne à la réception, personne dans les couloirs, toutes les portes fermées. Enfin, un homme en blouse blanche s'était approché d'un pas pressé. Mac, qui est massif, drôle et impossible à ignorer, lui avait bloqué la route. « Tous les patients ont été soignés, c'est ça ? » avait-il aboyé. Mo était encore en train d'en rire quand j'arrivai, et il enchaînait les blagues comme à son habitude. Mais il avait l'air abattu. Ses lèvres s'étaient rétractées, sa bouche et sa mâchoire étaient crispées, son œil droit était à moitié fermé, la zone autour était contusionnée et gonflée, et il avait un grand pansement chirurgical sur le côté de la tête. Il avait l'air d'un boxeur sonné qui se prépare pour le prochain round.

Lui-même ne parlait pas de tout ça. Malgré un pronostic peu réjouissant et une cure de chimiothérapie à suivre, il parlait avec détachement de retourner grimper et d'un projet de film en Norvège le mois suivant : « C'est rien du tout. Ils me déposent en hélico. Tout ce que j'ai à faire, c'est de tenir la caméra. »

Il se berçait d'illusions, bien sûr, et il le savait, mais c'était aussi une façon de nourrir la bête. « Chaque année, tu dois te purger et souffrir un peu, avait-il dit, parce qu'il y a toujours un point d'interrogation sur ta performance. » D'où son obstination à ne pas se laisser aller, à nourrir le monstre et à se battre jusqu'au bout. Mo a toujours été un génie de l'autodérision. Un jour, alors qu'il tentait une approche, il avait murmuré à l'oreille d'une fille : « Ne vous en faites pas, ce ne sera pas long. » Faire le pitre était sa manière élégante de composer avec les vérités hobbesiennes qu'il avait apprises auprès de sa belle-mère dès son plus jeune âge : si la vie est ingrate, brutale et courte et que l'inconfort le plus extrême est la norme, le mieux qu'on puisse faire est d'apprécier ce qu'on a pour ce que c'est et d'essayer de prendre du bon temps au passage. C'était une méthode qui avait fonctionné pour lui dans les montagnes ; à présent il fallait qu'elle fonctionne dans cet hôpital miteux. Il avait pris une dérouillée, son corps était décharné et son visage crispé, mais il n'était pas abattu pour autant. Il était impossible d'imaginer qu'il puisse mourir. Ni sa volonté ni son sens du ridicule ne le permettraient.

Deux autres grimpeurs arrivèrent pendant que j'étais là, tous deux presque chauves, comme moi.

Mo nous examina attentivement. « À vous trois, il n'y a pas de quoi faire un pinceau », dit-il.

À ce moment-là, Jackie était assise en silence au bout de son lit et lui caressait le pied.

La dernière fois que je vis Mo, ce fut quatre mois plus tard, en juin 1989. C'était une journée chaude et ensoleillée, une journée parfaite pour l'escalade, même si le temps menaçait de tourner. Le Snowdon était baigné de lumière quand je franchis le col de Llanberis, mais des nuages orageux s'amassaient derrière. J'arrivai à Tyn-y-Ffynnon au moment où l'infirmière s'en allait. Mo était à l'étage, assis sur un lit devant un match, vêtu d'un T-shirt « Everest 88 ». Il fit une blague sur ses médicaments, sur la constipation chronique qu'ils lui causaient et sur le lavement béni que l'infirmière venait de lui administrer. Puis il évoqua en marmonnant un projet de retour en Himalaya le mois suivant et une grande fête qu'il prévoyait pour ses cinquante ans en août – mais en restant vague, laissant son esprit dériver à mesure que la morphine l'emportait.

Nourrir la bête avait alors été publié, mais il n'en fit pas mention. Je crois qu'il était gêné d'être le sujet d'un livre et qu'il n'avait accepté l'idée que parce que j'étais son ami et que l'écriture était mon gagne-pain. L'idée d'être un héros, même de manière détournée, n'était pas son style. Elle entrait en contradiction avec son principe de plaisir : il allait grimper pour s'amuser avec ses amis et pour aller dans des endroits où les autres n'étaient pas allés ; la célébrité ne faisait pas partie de l'équation. Je crois qu'il s'inquiétait aussi de la réaction du monde de l'escalade, notoirement médisant. Et il s'inquiétait encore plus de ce que ses copains allaient penser.

Au lieu de quoi, il évoqua le récit épique de Joe Simpson qui venait de sortir, *La Mort suspendue*. Quand je lui dis que je ne l'avais pas lu, il balança brusquement ses jambes hors du lit et descendit l'escalier d'un pas mal assuré, l'air d'avoir du mal à avancer. Dès qu'il fut en bas, la morphine refit effet et il sembla oublier où il se trouvait. Il farfouilla dans la cuisine, la salle à manger, la chambre du fond qu'il avait occupée à une époque, essayant de se rappeler ce qu'il cherchait. Enfin, il trouva le livre de Simpson dans le salon, me le tendit et s'assit lourdement, incapable d'aller plus loin.

– Comment va ton vieil imbécile de chien ? demanda-t-il.

– Mort. Paralysé. Il a fallu le piquer.

– Je sais ce qu'il a ressenti.

Il hocha sa grosse tête carrée et s'assoupit quelques instants. Puis il avala quelques cachets et remonta péniblement les escaliers jusqu'à son lit, sans un mot. Je lui laissai le temps de s'installer, puis je montai lui dire au revoir. Il sourit faiblement, mais il était trop épuisé pour parler.

Mo est mort le 11 août 1989, quelques jours après ses cinquante ans, et il a été enterré une semaine plus tard. (J'étais coincé en Italie avec des invités, ce que je regrette amèrement, alors mes enfants, Luke et Kate, qui l'adoraient, y sont allés à ma place.) Quatre cents personnes ont assisté aux obsèques, une foule si nombreuse que la petite chapelle de Nant Peris était pleine à craquer et que les participants durent remplir le cimetière dehors. Jackie avait voulu lire un poème de Miroslav Holub, « L'Amour », mais elle n'en eut pas la force. Son père le lut à sa place :

Deux milles cigarettes.
Cent kilomètres
d'un mur à l'autre.
Une éternité et demie de veillées
plus blanches que la neige.

Des tonnes de mots
vieux comme les traces
d'un ornithorynque dans le sable.

Cent livres que nous n'avons pas écrits.
Cent pyramides que nous n'avons pas construites.

Des coups de balai.
De la poussière.

Amère
comme le commencement du monde.

Croyez-moi quand je dis
que c'était beau.

Les grimpeurs, et les britanniques en particulier, n'aiment pas montrer leurs émotions. Mais, à la fin du poème, il n’y avait pas un œil sec ni une lèvre impassible parmi eux.

Tandis que le cercueil de Mo descendait dans la tombe, une silhouette solitaire apparut tout en haut de la crête de Glynders, qui surplombe le col de Llanberis. « Je suis sûr que c’était Mo, déclara Mac, qui revenait rigoler une dernière fois devant toute cette agitation. »

Al Alvarez, 2001

Remerciements

Le traducteur souhaite remercier Olivier Rivière, Jean-Minh Trinh Thieu et Frédérique Wallis-Davy pour leurs précieux conseils de grimpeurs.

Et Marie-Hélène Reumaux, toujours, pour son œil avisé.

Table

Les Éditions Points s'engagent pour la protection de l'environnement et une production française responsable

Ce livre a été imprimé en France, sur un papier certifié issu de forêts gérées durablement, chez un imprimeur labellisé Imprim'Vert, marque créée en partenariat avec l'Agence de l'Eau, l'ADEME (Agence de l'Environnement et de la Maîtrise de l'Énergie) et l'UNIC (Union Nationale de l'Imprimerie et de la Communication).

La marque Imprim'Vert apporte trois garanties essentielles :

- La suppression totale de l'utilisation de produits toxiques
- La sécurisation des stockages de produits et de déchets dangereux
- La collecte et le traitement de produits dangereux

RÉALISATION : NORD COMPO À VILLENEUVE-D'ASCQ
IMPRESSION : CPI FRANCE
DÉPÔT LÉGAL : NOVEMBRE 2022. N° 150202 (3049322)
IMPRIMÉ EN FRANCE

Collection Points Aventure

Pour aller plus loin :

Site Internet : www.points-aventure.com
Page Facebook : @pointsaventure

P68. Leurs mains sont bleues, *Paul Bowles*
P454. Les Immémoriaux, *Victor Segalen*
P456. Traité du zen et de l'entretien des motocyclettes *Robert M. Pirsig*
P607. Besoin de mer, *Hervé Hamon*
P683. Balkans-Transit, *François Maspero (photographies de Klavdij Sluban)*
P736. L'Abeille d'Ouessant, *Hervé Hamon*
P1322. Mésaventures du paradis. Mélodie cubaine *Érik Orsenna (photographies de Bernard Matussière)*
P1524. Retour dans la neige, *Robert Walser*
P1557. La Colline des anges. Retour au Vietnam (1972-1992) *Jean-Claude Guillebaud, Raymond Depardon*
P1558. La Solitude heureuse du voyageur, *précédé de* Notes *Raymond Depardon*
P2110. Tabarly, *Yann Queffélec*
P3024. Avant la dernière ligne droite, *Patrice Franceschi*
P3025. Boréal, *Paul-Émile Victor*
P3026. Dernières Nouvelles du Sud, *Luis Sepúlveda (photographies de Daniel Mordzinski)*
P3027. L'aventure, pour quoi faire ?, *Collectif*
P3069. La Pointe du couteau, *Gérard Chaliand*
P3126. Le Regard du singe, *Gérard Chaliand, Patrice Franceschi, Sophie Mousset*
P3192. La Mort suspendue, *Joe Simpson*
P3193. Portrait de l'aventurier, *Roger Stéphane*
P3233. Aventures en Guyane. Journal d'un explorateur disparu *Raymond Maufrais*
P3290. Mes Vies d'aventures. L'homme de la mer Rouge *Henry de Monfreid*
P3291. Cruelle est la terre des frontières. Rencontre insolite en Extrême-Orient, *Michel Jan*
P3314. Le monde comme il me parle, *Olivier de Kersauson*
P4041. Clipperton. L'atoll du bout du monde *Jean-Louis Étienne*
P4042. Banquise, *Paul-Émile Victor*

P4090. Pianotrip. Tribulations d'un piano à travers l'Europe
Lou Nils et Christophe Clavet
P4091. Don Fernando. Le seigneur de l'Amazone
Fernand Fournier-Aubry
P4132. À la recherche de mon fils. Toute une vie sur les traces d'un explorateur disparu, *Edgar Maufrais*
P4133. Un long printemps d'exil. De Petrograd à Saigon. 1917-1946, *Olga Ilyina-Laylle, Michel Jan*
P4193. À la recherche de Livingstone, *Henry Morton Stanley*
P4194. Eiger, la dernière course, *Joe Simpson*
P4277. Croquis de voyage, *Joseph Roth*
P4278. Aller voir ailleurs. Dans les pas d'un voyageur aveugle
Jean-Pierre Brouillaud
P4377. Persévérer. On ne repousse pas ses limites, on les découvre
Jean-Louis Étienne
P4378. Aventures au Mato Grosso, *Raymond Maufrais*
P4418. De l'esprit d'aventure, *Gérard Chaliand, Patrice Franceschi, Jean-Claude Guilbert*
P4446. Laissé pour mort à l'Everest, *Beck Weathers, avec Stephen G. Michaud*
P4447. Les Fleuves immobiles, *Stéphane Breton*
P4498. Le Sur-vivant, *Reinhold Messner*
P4499. Paul-Émile Victor. J'ai toujours vécu demain
Daphné Victor, Stéphane Dugast
P4557. L'Aventure, le choix d'une vie, *Collectif*
P4558. Une saison de chasse en Alaska, *Zoé Lamazou et Victor Gurrey*
P4559. Mémoires *suivi de* Journal de guerre, *Roland Garros*
P4603. La vie que j'ai choisie, *Wilfred Thesiger*
P4669. Inventer sa vie, *Jean-Louis Étienne*
P4690. Trois Ans sur la dunette. À bord du trois-mâts « La Boudeuse » autour du monde, *Patrice Franceschi*
P4740. J'ai épousé l'aventure, *Osa Johnson*
P4741. Une femme chez les chasseurs de têtes, *Titaÿna*
P4790. Premières Expéditions. Quatre du Congo & Terre farouche
Patrice Franceschi
P4791. Grandes Traversées. Qui a bu l'eau du Nil & Raid papou
Patrice Franceschi
P4871. Sur la route 66, *Stéphane Dugast, Christophe Géral*
P4892. Baïkal-Amour, *Olivier Rolin*
P4915. En radeau sur l'Orénoque, *Jules Crevaux*
P4992. Dans les pas d'Alexandra David-Néel. Du Tibet au Yunnan
Éric Faye, Christian Garcin
P5017. Des nuages plein la tête. Un pâtre en quête d'absolu
Brice Delsouiller
P5061. Seul à travers l'Atlantique, *Alain Gerbault*
P5062. La Terre magnétique, *Édouard Glissant*

P5063. Dans mes pas, *Jean-Louis Étienne*
P5064. Raga. Approche du continent invisible
Jean-Marie Gustave Le Clézio
P5165. Aux confins de l'Eldorado. La Boudeuse en Amazonie
Gérard Chaliand
P5202. Titayna : l'aventurière des années folles
Benoît Heimermann
P5203. La Mer pour aventure, *Collectif*
P5204. Lawrence d'Arabie. Le désert et les étoiles
Flora Armitage
P5205. Travelling. Un tour du monde sans avion
Tangy Viel, Christian Garcin
P5166. Vivre libre, *Henry de Monfreid*
P5257. Endurance. L'incroyable voyage de Shackleton
Alfred Lansing
P5358. Voyage sans cartes, *Graham Greene*
P5359. La Folle Équipée, *Patrice Franceschi*
P5396. Amelia. Le fascinant destin de la plus grande aviatrice du monde
Bernard Marck
P5397. Un art de parcourir le monde. Paris - Hong Kong à vélo.
11 155 km, 371 jours, 23 pays, *Florian Coupé*
P5398. Les Aventurières du ciel, *Katell Faria*
P5429. Alpinistes de Staline, *Cédric Gras*
P5430. Le Massacre des Indiens, *Lucien Bodard*
P5481. Le Tour du monde en 80 livres, *Marc Wiltz*
P5492. Routes sans lois, *Graham Greene*
P5493. L'Expédition de La Pérouse, *Jules Verne*
P5537. Patagonie dernier refuge, *Christian Garcin, Eric Faye*
P5538. Vers le pôle, *Fridtjof Nansen*
P5602. Femmes d'aventure, *Priscilla Telmon, Daphné Buiron Justine Muzik, Aurore Asso, Katell Faria, Mélusine Mallender, Catherine Maunoury*
P5634. La Légende du baron rouge, *Stéphane Koechlin*
P5662. Nourrir la bête, *Al Alvarez*

Collector : La Saga des Maufrais. Aventures en Guyane,
À la recherche de mon fils et Aventures au Mato Grosso,
Raymond Maufrais, Edgar Maufrais